JN227019

コマンドラインではじめるデータサイエンス

分析プロセスを自在に進めるテクニック

Jeroen Janssens　著

太田 満久
下田 倫大　　監訳
増田 泰彦
長尾 高弘　　訳

O'REILLY®
オライリー・ジャパン

本書で使用するシステム名、製品名は、それぞれ各社の商標、または登録商標です。
なお、本文中では™、®、©マークは省略しています。

Data Science at the Command Line

Jeroen Janssens

Beijing · Cambridge · Farnham · Köln · Sebastopol · Tokyo

O'REILLY®

© 2015 O'Reilly Japan, Inc. Authorized Japanese translation of the English edition of "Data Science at the Command Line". © 2015 Jeroen H.M. Janssens. This translation is published and sold by permission of O'Reilly Media, Inc., the owner of all rights to publish and sell the same.

本書は、株式会社オライリー・ジャパンが O'Reilly Media, Inc. との許諾に基づき翻訳したものです。日本語版についての権利は、株式会社オライリー・ジャパンが保有します。

日本語版の内容について、株式会社オライリー・ジャパンは最大限の努力をもって正確を期していますが、本書の内容に基づく運用結果について責任を負いかねますので、ご了承ください。

監訳者まえがき

　私が最初に本書"Data Science at the Command Line"を知ったのは、まさに業務に必要なコマンドをインターネットで調べていた時のことでした。データサイエンスの分野で「コマンドライン」に焦点を当てた内容は珍しかったため興味を持ち、「あとで読む」リストに入れてあった書籍でした。

　今回本書の監訳のお話をいただき、ぜひ携わりたいと考えたのには2つの理由があります。1つは、分析業務の大半を占めると言われるデータ整備（特に本書で言う「データの獲得」「データのクレンジング」）にページを割いた書籍が現在市場に稀であり、本書が意義のある書籍であると考えたからです。統計や分析手法の原理、分析ツールの使い方は分析業務を行う上で必要不可欠な知識ではありますが、実際の分析業務を考えた時に、その大半を占めるといわれるデータ整備に関するスキル・知識はすべての分析官（データサイエンティスト）にとって重要かつ有益です。

　ここ数年のデータサイエンスブームによって、統計学やさまざまな分析手法についての書籍は非常に増加しました。また、有償無償に関わらず、分析ツールに関する書籍の数も数年前とは比べものになりません。

　現在この分野は多くの良書に恵まれ、学習環境としては申し分ない環境ではありますが、皆さんの中には書籍のサンプルデータを卒業し、いざ各々の職場で分析手法を駆使して実際に分析を行う前にデータ整備の段階でつまずいてしまう初学者の話も耳にしていましたし、熟達した分析官の方々でもデータ整備のプロセスで課題感を持っているのではないかと考えていました。

　私が本書の翻訳に監訳者として関わらせていただいたもう1つの理由は、多くの分析官にとって、本書を通じてコマンドラインを習得することが分析の質の向上に対しても非常に有益であると考えたからです。

データ分析の成果は、もちろん分析対象の事象への深い理解や適切な分析手法の選択・実行に基づきますが、最終的にはどれだけ分析プロセスにおいて試行錯誤を反復出来るかが成否を分けます。現実にはデータの入手から分析結果を出さなくてはならない期日までが限られています（それも多くの場合非常に厳しく）から、いかに分析の施行を反復し試行錯誤を繰り返す時間を確保するかが非常に重要です。そのためには、単純な話ではありますが、分析に入るまでのデータ整備、また分析中のデータ整備（変数の調整・追加作成など）をいかに効率的に進めるかが非常に重要です。

コマンドラインは、分析プロセスのすべてのステップにおいて、Janssens氏の言う特徴（本書1.5.1～1.5.5）により、すべてのデータサイエンティストに効率性をもたらすツールだと信じています。

もちろんコマンドラインがすべてを解決する訳ではありませんが、本書で紹介されているコマンド群を現在の皆さんのスキルに加えていただくことで、分析プロセスの効率化を実現していただけると思いますし、皆さんのデータサイエンティストとしてのスキルアップの一助となると信じています。

最後に、オライリー・ジャパンの高恵子さん、高さんに私をご紹介下さった株式会社プログラミングシステム社 代表取締役の和田祐一郎さんに感謝の意を表したいと思います。また、このまえがきは監訳者3名を代表して私が書いていますが、共に監訳者にあたった太田満久氏と下田倫大氏、助言をいただいた株式会社ブレインパッドおよび株式会社Qubitalデータサイエンスの一同に感謝いたします。

監訳者を代表して
増田 泰彦
2015年8月

はじめに

　データサイエンスは、とても面白い分野であり、まだ非常に若い分野でもあります。残念ながら、多くの人々、特に企業は、データサイエンスの課題に取り組むためには新しいテクノロジが必要だと考えています。しかし、本書が示すように、コマンドラインを使えば多くの仕事をこなすことができ、その方がはるかに効率よくなることもあるのです。

　約5年前、私は博士課程に在学していましたが、Microsoft Windows から GNU/Linux にゆっくりとした乗り換えをしました。最初はちょっと怖かったので、両方のOSを隣り合わせにインストールするところから始めました（いわゆるデュアルブートです）。しかし、2つのOSの間で急いで切り替えなければならないというときがだんだんなくなっていき、しばらくすると、0から独自のカスタムOSを組み立てられる Arch Linux をいじるところにさえ達していました。与えられているものはコマンドラインだけであり、そこから何を生み出すのも自分次第という世界です。必要に駆られて、私はコマンドライン使いにすぐに慣れました。その後、余暇が貴重になると、使いやすく、大きなコミュニティを抱えている Ubuntu という GNU/Linux ディストリビューションに落ち着くことになりました。しかし、それでも私の仕事の大半を生み出していたのはコマンドラインでした。

　実は、コマンドラインがソフトウェアのインストール、システム設定、ファイルサーチだけのためのものではないということに気付いたのは、それほど古いことではありません。私は、cut、sort、sed などのコマンドラインツールについて学び始めました。これらはどれも、入力としてデータを受け付け、そのデータに対して何かを行い、結果を出力するタイプのコマンドラインツールです。Ubuntu には、この種のものがたくさん含まれています。これら小さなツールの組み合わせが持つ潜在能力の高さがわ

かると、私はコマンドラインに夢中になりました。

　博士課程を終了してデータサイエンティストになると、私はできる限りこのアプローチを活用してデータサイエンスをしてみたいと思いました。scrape、jq、json2csvなどの新しいオープンソースのコマンドラインツールのおかげで、ウェブサイトのスクラッピングや大量のJSONデータの処理などの仕事にもコマンドラインが使えるようになりました。2013年9月に、私は「Seven Command-Line Tools for Data Science」を書いてブログで公開しました（http://bit.ly/7cl_tools_for_data_science）。驚いたことに、このポストはかなりの注目を集め、私はほかのコマンドラインツールについて多くのことを教わりました。そこで、私はこのブログポストを本に発展させることはできないかと考えるようになりました。そして、10か月後には、多くの有能な人々の力を借りて（謝辞参照）、それを実現することができました。

　私がこのような自分の話をしているのは、本書がどのようにして作られたのかを知っていただきたいからというよりも、私も読者と同じようにコマンドラインを学ばなければならなかったのだということを知っていただきたいからです。コマンドラインは、GUIを使うのとはあまりにも大きく異なるので、最初は少しひるむような気持ちになるかもしれません。しかし、私は学ぶことができたわけですから、あなたも同じように身に着けることができます。現在のオペレーティングシステムが何であろうが、今データサイエンスの仕事をどのようにしていようが、本書を読み終わる頃には、あなたもコマンドラインのパワーを活用できるようになっているでしょう。すでにコマンドラインをよく知っているとか、すでに夢の中でシェルスクリプトをしゃべっているという場合でも、次のデータサイエンスプロジェクトで使える面白いトリックやコマンドラインツールがいくつか見つかるはずです。

本書から得られるはずのもの

　本書では、データ、それも大量のデータを獲得し、クレンジング、精査、モデリングしていきます。本書はそれらデータサイエンスの課題をうまくこなせるようにする方法を書いているわけではありません。たとえば、統計的検定をどこで適用すべきかとか、データはどのように可視化できるかといったことについて論じた優れた本はすでに何冊もあります。本書は、コマンドラインでそれらデータサイエンスの仕事をどのように進められるかを説明して、あなたにもっと要領よくたくさんの仕事をこなせるデータサイエンティストになっていただくことを目的としています。

本書は80種を越えるコマンドラインツールを取り上げていますが、もっとも大切なのはツール自体ではありません。コマンドラインツールのなかにはとても古い時代からのものもあれば、ごく最近作られ、いずれもっとよいものに席を譲りそうなものもあります。あなたが本書を読んでいるまさにその間に作られているコマンドラインツールさえあります。この10か月の間に、私はすばらしいコマンドラインツールを多数見つけました。残念ながら、そのなかには見つけたのが遅すぎて本書に採り入れられなかったものもあります。要するに、コマンドラインツールは作られては消えていきますが、それはそれでかまわないのです。

　もっとも大切なのは、ツール、パイプ、データ操作の基礎となっている考え方です。ほとんどのコマンドラインツールは、1つのことを巧みにこなします。これは、本書でも何度か登場するUnixの思想に沿ったものです。コマンドラインに十分に馴染み、コマンドラインツールの組み合わせ方を身に着ければ、あなたは非常に価値のあるスキルを手にしています。そして、新しいツールを作れるようになれば、もう1段上に行くことができます。

本書の読み方

　本書は、最初から最後まで順番に読むべき本です。ある考え方やコマンドラインツールを紹介すると、あとの章でも再びそれを使うことがあります。たとえば、9章ではparallelを使っていますが、parallelについて詳しく説明しているのは8章です。

　データサイエンスは、プログラミング、データの可視化、機械学習など、ほかの多くの分野と接点を持つ広い研究分野です。そのため、本書は非常に多くの面白いテーマに触れますが、それを十分に掘り下げて論じることはできないでいます。そこで、本書では、全体を通じてさらに読むとよい参考文献を紹介しています。本書についていくためにそれらの参考文献を読む必要はありませんが、興味があるときには、参考文献が出発点として役立つはずです。

本書の対象読者

　本書が読者に求めていることはただ1つ、読者がデータを操作していることです。どのプログラミング言語を使っているか、どの統計計算環境を使っているかは問いません。本書は、必要な概念をすべて最初から説明していきます。

　使っているオペレーティングシステムがMicrosoft Windows、Mac OS X、何らかのUnixのどれかということも問いません。本書には、簡単にインストールできる仮

想環境、Data Science Toolboxが付属しています。これを使えば、本書が書かれたのと同じ環境でコマンドラインツールを実行し、コード例を追体験することができます。すべてのコマンドラインツールとその依存コードをインストールするためにどうすればよいかを知るために時間を浪費しなくて済むのです。

本書には、bash、Python、Rで書かれたコードが含まれているので、プログラミングの経験があると役に立ちますが、プログラミングの経験がなければ本書を読めないということは決してありません。

凡例

本書では、次のような表記法を使います。

太字（Bold）
: 新しい用語を示します。

斜体（Italic）
: URL、メールアドレス、ファイル名、ファイル拡張子を表します。

`等幅（Constant Width）`
: プログラムリストに使われるほか、本文中でも変数、関数、データベース、データ型、環境変数、文、キーワードなどのプログラムの要素を表すために使われます。

`等幅太字（Constant Width Bold）`
: ユーザーが文字通りに入力すべきコマンド、その他のテキストを表します。

`等幅イタリック（Constant Width Italic）`
: ユーザーが実際の値に置き換えて入力すべき部分、コンテキストによって決まる値に置き換えるべき部分、プログラム内のコメントを表します。

> ヒント、参考情報を示します。

一般的なメモを示します。

警告、注意を示します。

サンプルコードの使い方

https://github.com/jeroenjanssens/data-science-at-the-command-line から補助教材（仮想マシン、データ、スクリプト、カスタムコマンドラインツールなど）をダウンロードできるようになっています。

本書は、あなたの仕事を助けるためのものです。全般的に、本書のサンプルコードは、あなたのプログラムやドキュメントで使っていただいてかまいません。コードのかなりの部分を複製するというのでもない限り、弊社に許可を求める必要はありません。たとえば、本書の複数のコードチャンクを使ったプログラムを書くときには、許可はいりません。本書の文言を使い、サンプルコードを引用して質問に答えるときにも、許可はいりません。しかし、本書のサンプルコードの大部分をあなたの製品のドキュメントに組み込む場合には、許可を求めてください。

出典を表記していただけるときには感謝しますが、出典の表記を要求するつもりはありません。出典の表記には、一般に、タイトル、著者、出版社、ISBN が含まれます。

あなたのサンプルコードの使い方が公正使用の範囲を逸脱したり、上記の許可の範囲を越えるように感じる場合には、permissions@oreilly.com に英語にてお問い合わせください。

お問い合わせ先

本書には英語による専用の Web ページがあり、そこではコードと関連しない正誤表と追加情報を提供します。このページには、次の URL でアクセスできます。

http://datascienceatthecommandline.com

コード、コマンドラインツール、仮想マシンに関連する誤りについては、次のURLでGitHubのイシュートラッカーのチケットという形で送ってください。

https://github.com/jeroenjanssens/data-science-at-the-command-line/issues

本書に関するご意見、ご質問などは、出版社にお送りください。

株式会社オライリー・ジャパン
電子メール　japan@oreilly.co.jp
JeroenのTwitterアカウント：@jeroenhjanssens

謝辞

誰よりもまず、2013年9月にブログに書いた「Seven Command-Line Tools for Data Science」を展開すれば1冊の本になると信じてくれたMike DewarとMike Loukidesに感謝したいと思います。また、New York Open Statistical Programming Meetupで講演をするよう声をかけてくれたJared Landerに感謝しています。そもそもの始まりであるブログポストを書くためのアイディアが生まれたのは、この発表の準備をしていたときでした。

さまざまな草稿を読み、すべてのコマンドを丁寧にテストし、貴重なフィードバックを提供してくれた技術査読者のMike Dewar、Brian Eoff、Shane Reustleには、特に感謝しています。みなさんのおかげで、この本は大幅に改善されました。残っているエラーは、すべて私の責任です。

私は、Ann Spencer、Julie Steele、Marie Beaugureau、Matt Hackerという4人のすばらしい編集者と仕事をするという特権に恵まれました。みなさんの指導のもと、O'Reillyの多くの有能な人々と連携させていただき感謝しています。Huguette Barriere、Sophia DeMartini、Dan Fauxsmith、Yasmina Greco、Rachel James、Jasmine Kwityn、Ben Lorica、Mike Loukides、Andrew Odewahn、Christopher Pappasといった人々のことです。また、目に見えないところで働いていてまだ私も会ったことのない人々がほかにもたくさんいらっしゃいます。彼らのおかげで、O'Reillyでの仕事は本当に喜びと言えるものとなりました。

本書は80種を越えるコマンドラインツールを取り上げています。言うまでもないことですが、これらのツールがなければ、本書は最初から存在し得なかったでしょう。ですから、これらのツールを作り、コントリビュートしてきたすべての人々にとても

感謝しています。あまりにも多すぎるので、すべての作者のお名前をここに掲げることはできませんが、付録Aでは触れています。特に、それぞれのすばらしいコマンドラインツールについてヘルプ情報を下さったAaron Crow、Jehiah Czebotar、Christopher Groskopf、Dima Kogan、Sergey Lisitsyn、Francisco J. Martin、and Ole Tangeの各氏に感謝しています。

　本書は、取り上げているすべてのコマンドラインツールをまとめた仮想環境、Data Science Toolboxを多用しています。この環境は、多くの巨人たちの肩に乗るような形で成り立っており、そのようなことから、Data Science Toolboxのようなものを作れるようにしてくれたGNU、Linux、Ubuntu、Amazon Web Services、GitHub、Packer、Ansible、Vagrant、VirtualBoxを開発した人々に感謝しています。また、最初にData Science Toolbox開発のヒントをくれて、フィードバックを返してくれたMatthew Russelに感謝しています。彼の著書『Mining the Social Web』(O'Reilly) も、仮想マシン環境を提供しています。

　博士課程の指導教官だったEric PostmaとJaap van den Herikには特に感謝しています。在学中の5年間、彼らは多くのことを教えてくれました。技術書の執筆は、博士論文の執筆とは大きく異なる仕事ですが、彼らが教えてくれたことの多くがこの10か月の執筆でも非常に役に立ちました。

　最後に、私を支え、適切なタイミングで私をコマンドラインから引き離してくれたYPlanの同僚たち、友人、家族、特に妻のEstherに感謝の気持ちを捧げたいと思います。

目次

監訳者まえがき v
はじめに vii

1章　イントロダクション 1
1.1　概要 2
1.2　データサイエンスはOSEMN 2
1.2.1　データの獲得 2
1.2.2　データのクレンジング 3
1.2.3　データの精査 4
1.2.4　データのモデリング 4
1.2.5　データの解釈 4
1.3　幕間の章 5
1.4　コマンドラインとは何か 6
1.5　なぜコマンドラインでデータサイエンスなのか 8
1.5.1　コマンドラインはアジャイル 8
1.5.2　コマンドラインは補完的 9
1.5.3　コマンドラインはスケーラブル 10
1.5.4　コマンドラインは拡張性が高い 10
1.5.5　コマンドラインは普遍的 10
1.6　現実のユースケース 11
1.7　参考文献 15

2章　さあ始めましょう 17
- 2.1　概要 17
- 2.2　Data Science Toolbox のセットアップ 17
  - 2.2.1　ステップ 1: VirtualBox のダウンロード、インストール 19
  - 2.2.2　ステップ 2: Vagrant のダウンロード、インストール 19
  - 2.2.3　ステップ 3: Data Science Toolbox のダウンロード、起動 19
  - 2.2.4　ステップ 4: ログイン（Linux と Mac OS X）................ 21
  - 2.2.5　ステップ 4: ログイン（Microsoft Windows）............. 21
  - 2.2.6　ステップ 5: シャットダウンと環境の作り直し 22
- 2.3　基本概念とツール 22
  - 2.3.1　環境 22
  - 2.3.2　コマンドラインツールの実行 24
  - 2.3.3　コマンドラインツールの 5 つのタイプ 25
  - 2.3.4　コマンドラインツールの結合 29
  - 2.3.5　入出力のリダイレクト 30
  - 2.3.6　ファイルの操作 31
  - 2.3.7　ヘルプ 33
- 2.4　参考文献 35

3章　データの獲得 37
- 3.1　概要 37
- 3.2　ローカルファイルから Data Science Toolbox へのコピー 38
  - 3.2.1　ローカルバージョンの Data Science Toolbox 38
  - 3.2.2　リモートバージョンの Data Science Toolbox 39
- 3.3　ファイルの解凍 39
- 3.4　Microsoft Excel スプレッドシートの変換 41
- 3.5　リレーショナルデータベースへのクエリー 44
- 3.6　インターネットからのダウンロード 45
- 3.7　ウェブ API 呼び出し 48

	3.8	参考文献	50

4章　再利用可能なコマンドラインツールの作り方 ... 51
- 4.1 　概要 ... 52
- 4.2 　1行プログラムのシェルスクリプトへの書き換え ... 52
  - 4.2.1 　ステップ 1: コピーアンドペースト ... 54
  - 4.2.2 　ステップ 2: 実行許可の追加 ... 55
  - 4.2.3 　ステップ 3: shebang の定義 ... 57
  - 4.2.4 　ステップ 4: 固定されている入力の除去 ... 58
  - 4.2.5 　ステップ 5: パラメータ化 ... 59
  - 4.2.6 　ステップ 6: PATH の拡張 ... 60
- 4.3 　Python と R によるコマンドラインツールの作り方 ... 61
  - 4.3.1 　シェルスクリプトの移植 ... 62
  - 4.3.2 　標準入力からのストリーミングデータの処理 ... 64
- 4.4 　参考文献 ... 65

5章　データのクレンジング ... 67
- 5.1 　概要 ... 68
- 5.2 　プレーンテキストに対する一般的なクレンジング ... 69
  - 5.2.1 　行のフィルタリング ... 69
  - 5.2.2 　値の抽出 ... 73
  - 5.2.3 　値の置換、削除 ... 75
- 5.3 　CSV の操作 ... 77
  - 5.3.1 　本体、ヘッダー、列 ... 77
  - 5.3.2 　CSV に対する SQL クエリー ... 82
- 5.4 　HTML/XML と JSON の操作 ... 83
- 5.5 　CSV でよく行われるクレンジング処理 ... 89
  - 5.5.1 　列の抽出と順序変更 ... 89
  - 5.5.2 　行のフィルタリング ... 90
  - 5.5.3 　列のマージ ... 92
  - 5.5.4 　複数の CSV ファイルの結合 ... 95
- 5.6 　参考文献 ... 99

6章 データワークフローの管理 ... 101
- 6.1 概要 ... 102
- 6.2 Drake とは何か ... 102
- 6.3 Drake のインストール方法 ... 103
- 6.4 Project Gutenberg でもっとも人気の高い電子ブックの取得 ... 105
- 6.5 ワークフローの始まりはいつもシングルステップ ... 106
- 6.6 依存関係 ... 109
- 6.7 特定のターゲットの再ビルド ... 111
- 6.8 この章を振り返って ... 112
- 6.9 参考文献 ... 113

7章 データの精査 ... 115
- 7.1 概要 ... 115
- 7.2 データとその特徴の調査 ... 116
  - 7.2.1 まずはヘッダを持つか ... 116
  - 7.2.2 全量調査 ... 116
  - 7.2.3 列名とデータ型 ... 117
  - 7.2.4 一意な識別子、連続変数、因子 ... 120
- 7.3 記述統計の計算 ... 121
  - 7.3.1 csvstat の使い方 ... 121
  - 7.3.2 Rio によってコマンドラインから R を実行する方法 ... 125
- 7.4 可視化イメージの作成 ... 129
  - 7.4.1 Gnuplot と feedGnuplot ... 129
  - 7.4.2 ggplot2 入門 ... 131
  - 7.4.3 ヒストグラム ... 134
  - 7.4.4 棒グラフ ... 135
  - 7.4.5 密度プロット ... 137
  - 7.4.6 箱ひげ図 ... 138
  - 7.4.7 散布図 ... 138
  - 7.4.8 折れ線グラフ ... 140

		7.4.9	まとめ 142
	7.5		参考文献 142

8章　並列パイプライン 143
	8.1	概要 144
	8.2	逐次処理 144
		8.2.1 　数値を対象とする反復処理 144
		8.2.2 　行を対象とする反復処理 146
		8.2.3 　ファイルを対象とするループ 147
	8.3	並列処理 148
		8.3.1 　GNU parallel 入門 150
		8.3.2 　入力の指定 151
		8.3.2 　並行ジョブの数の制御 153
		8.3.3 　ロギングと出力 153
		8.3.4 　並列ツールの作成 155
	8.4	分散処理 156
		8.4.1 　実行中の AWS EC2 インスタンスのリストの取得 156
		8.4.2 　リモートマシンでのコマンドの実行 158
		8.4.3 　リモートマシン間でのローカルデータの分散 159
		8.4.4 　リモートマシンでのファイル処理 161
	8.5	この章を振り返って 165
	8.6	参考文献 166

9章　データのモデリング 167
	9.1	概要 168
	9.2	ワインもう一杯！ 168
	9.3	Tapkee による次元圧縮 173
		9.3.1 　Tapkee 入門 173
		9.3.2 　Tapkee のインストール 174
		9.3.3 　線形写像と非線形写像 174
	9.4	Weka によるクラスタリング 176
		9.4.1 　なぜ Weka を使うのか 176

		9.4.2	Weka をコマンドラインで使いやすく 177
		9.4.3	CSV と ARFF の間の変換 181
		9.4.4	3 つのクラスタリングアルゴリズムの比較 182
	9.5	SciKit-Learn Laboratory による回帰分析 185
		9.5.1	データの準備 186
		9.5.2	実験の実行 186
		9.5.3	結果の解析 187
	9.6	BigML を使った分類 189
		9.6.1	バランスの取れた訓練、テストデータセットの作成 189
		9.6.2	API 呼び出し 191
		9.6.3	結果のチェック 192
		9.6.4	今後の方向 193
	9.7	参考文献 193

10 章	総まとめ 195
	10.1	復習しよう 195
	10.2	3 つのアドバイス 196
		10.2.1	我慢強くあれ 196
		10.2.2	創造的であれ 197
		10.2.3	実践的であれ 197
	10.3	ここからどうするか 198
		10.3.1	シェルプログラミング 198
		10.3.2	Python、R、SQL 198
		10.3.3	データの解釈 199
	10.4	連絡先 199

付録 A	コマンドラインツール一覧 201

付録 B	日本語処理 223
	B.1	文字コードと関係して起こりがちな問題 224
	B.2	文字コードを変換する 225

	B.3	文字コードを推測する	226
	B.4	Nkfをインストールする	227
		B.4.1　Nkfで文字コードを推定する	227
	B.5	パーセントエンコーディングされた文字列を復元する	227
	B.6	文字列を正規化する	228
	B.7	まとめ	229

付録C		ケーススタディ	231
	C.1	ReceReco（レシレコ）について	231
	C.2	データの獲得	232
	C.3	データクレンジング（1）−異常値の除去	234
	C.4	データクレンジング（2）−基礎集計と外れ値の除去	236
	C.5	まとめ	239

付録D	参考文献	241

索引	243

1章
イントロダクション

　本書は、コマンドラインでデータサイエンスをしようというものです。コマンドラインのパワーを活用する方法を覚え、あなたに今までよりも有能で多くの仕事を生み出せるデータサイエンティストになっていただくことが本書の目的です。

　タイトルに「データサイエンス」と「コマンドライン」の両方の用語が含まれていることには説明が必要でしょう。40年前からある続いているテクノロジ[†]が、生まれて数年しかたっていない学問分野のためにどのように役立つというのでしょうか。

　今日のデータサイエンティストは、魅力的なテクノロジ、プログラミング言語の膨大なコレクションから自分の好みのツールを選べます。Python、R、Hadoop、Julia、Pig、Hive、Sparkなどはほんの一例です。あなたはすでにこれらの一部を経験したことがあるかもしれません。もしそうなら、データサイエンスをするためになぜ未だにコマンドラインが気になるのでしょうか。コマンドラインは、これらのテクノロジやプログラミング言語が提供してくれないどのようなものを持っているというのでしょうか。

　これらはすべてもっともな疑問です。この1章では、次のような疑問に次のような流れで答えていきます。まず、本書のバックボーンであるデータサイエンスを実践的に定義します。次に、コマンドラインの5つの重要な利点を挙げていきます。その後、実際のユースケースを通じてコマンドラインのパワーと柔軟性を実証します。この章を読み終わるまでに、データサイエンスに取り組む上でコマンドラインは本当に学習する価値があるものだと思っていただけるはずです。

[†] UNIXオペレーティングシステムの開発は1969年に始まっています。UNIXは、最初からコマンドラインを持っており、パイプという重要な概念は1973年に追加されました。

1.1 概要

この章では、次のことを学びます。

- データサイエンスの実践的な定義
- コマンドラインとは何か、どのようにして使えるか
- コマンドラインがデータサイエンスのために素晴らしい環境だというのはなぜか

1.2 データサイエンスはOSEMN

データサイエンスという分野はまだ幼く、そのため何が含まれるかという定義もまちまちです。本書では、全体を通じてMasonとWiggins（2010）の非常に実践的な定義を採用することにします。彼らは、（1）データの獲得（Obtaining）、（2）データのクレンジング（Scrubbing）、（3）データの精査（Exploring）、（4）データのモデリング（Modeling）、（5）データの解釈（iNterpretating）の5つのステップによってデータサイエンスを定義します。この5つは全体でOSEMNモデルを形成します（awesome（すばらしい）と発音します）。この本は、個々のステップごとに章を用意しています（最後のステップ5、「データの解釈」を除く）。そのため、OSEMNという定義は、いわば本書のバックボーンになっています。以下の5つの節では、個々のステップで必要なことを説明します。

> 本書では5つのステップを順に段階的に取り上げていきますが、実際には、5つのステップの間で前後に動きまわったり、同時に複数のステップを進めたりすることはよくあります。データサイエンスは、反復的で一直線では進みません。たとえば、データをモデリングし、結果を見たら、データセットの調整のためにクレンジングステップに戻ることがあります。

1.2.1 データの獲得

データがなければ、データサイエンスができることはほとんどありません。最初のステップは、データを獲得することです。運よくすでにデータがあるというのでもない限り、次のどれか、あるいは複数をしなければならないでしょう。

- ほかの場所（たとえば、ウェブページやサーバー）からデータをダウロー

ドする

- データベースや API（たとえば、MySQL、Twitter）にデータを要求する
- ほかのファイル（たとえば HTML ファイルやスプレッドシート）からデータを抽出する
- 自分でデータを生成する（たとえば、センサーの読み出し、調査の実施など）

　3章では、コマンドラインを使ってデータを獲得するための方法をいくつか取り上げます。獲得されるデータは、CSV、JSON、HTML/XML などのプレーンテキストになっているものが主となります。次のステップは、獲得したデータのクレンジングです。

1.2.2　データのクレンジング

　獲得してきたデータに値の欠損、不統一、エラー、奇妙な文字、不要な列などが含まれていることは珍しくありません。そのような場合は、データのクレンジング、すなわちクリーンアップをしなければ、データを使って何か面白いことをすることはできません。よく行われるクレンジング処理としては、次のものがあります。

- 行のフィルタリング
- 一部の列の抽出
- 値の置換
- 単語の抽出
- 欠損値の処理
- データ形式の変換

　データサイエンティストにとって面白いのは、データを見事に可視化したり、よくできたモデルを作ったりすることですが（ステップ 3、4）、通常は、まず必要なデータを獲得してクレンジングすること（ステップ 1、2）に力を注がなければなりません。DJ Patil は『Data Jujitsu』（2012 年、http://bit.ly/Data-Jujitsu）で、「データプロジェ

クトの仕事うち、80%はデータのクレンジングだ」と言っています。5章では、このようなデータクレンジングにコマンドラインがどのように役立つかをお見せします。

1.2.3　データの精査

データをクレンジングしたら、いよいよその内容を精査することができます。このステージでは、いよいよ本当の意味でデータに飛び込むので、仕事も面白くなってきます。7章では、コマンドラインを使って次の作業をする方法を説明します。

- データを見る
- データから統計情報を引き出す
- 面白い視覚化イメージを作り出す

7章で紹介するコマンドラインツールは、csvstat[†]（Groskopf、2014）、feedgnuplot[‡]（Kogan、2014）、Rio[§]（Janssens、2014）などです。

1.2.4　データのモデリング

データを説明したり何が起きるかを予測したりするためには、おそらくデータの統計的なモデルが必要になるでしょう。モデルを作るためのテクニックとしては、クラスタリング、分類、回帰、次元圧縮などがあります。コマンドラインは、0から新しいモデルを生み出すことには不向きですが、コマンドラインからモデルを組み立てられるようになると非常に便利です。9章では、ローカルにモデルを作ったり、APIを使ってクラウドで計算を実行するコマンドラインツールをいくつか紹介します。

1.2.5　データの解釈

OSEMNモデルの最後の、そしておそらくもっとも重要なステップは、データの解釈です。このステップでは、次のことをします。

[†] 編注：「csvstat」は、Python製のcsvファイルを処理するためのコマンドラインツール。http://csvkit.readthedocs.org/en/0.9/

[‡] 編注：「feedgnuplot」は、Gnuplotのためのコマンドライン向けフロントエンドツール。https://github.com/dkogan/feedgnuplot

[§] 編注：「Rio」は、データサイエンスのためのbashスクリプト集。https://github.com/jeroenjanssens/data-science-at-the-command-line/blob/master/tools/Rio

- データから結論を導き出す

- 結果の意味を評価する

- 結果を伝える

　正直なところ、このステップでコンピュータができることはほとんどなく、コマンドラインの出番もほとんどありません。このステップまでたどり着いたら、あとはあなた次第です。OSEMN モデルのなかで、専用の章が設けられていないのはこのステップだけです。代わりに、Max Shron の『Thinking with Data』（和書未刊、O'Reilly、http://bit.ly/thinking-with-data）を読んでいただくとよいでしょう。

1.3　幕間の章

　OSEMN ステップを扱う章の間には、3 つの幕間的な章が含まれています。これらの章では、データサイエンスに関するより一般的なテーマと、そのためにコマンドラインをどのように活用するかを説明します。取り上げられるテーマは、データサイエンスのどのステップにも当てはまるものです。

　4 章では、再利用できるコマンドラインツールの作り方を取り上げます。このような個人用ツールは、あなたがコマンドラインに入力した長いコマンドからも、Python や R で書いた既存コードからも作ることができます。独自ツールを作れるようになれば、それまでよりも効率よくたくさんの仕事をこなせるようになります。

　コマンドラインは対話的な環境なので、ワークフローを管理するのが難しくなることがあります。6 章では、タスクとその間の依存関係に基づいて、データサイエンスワークフローを定義できる Drake[†]（Factual、2014）というコマンドラインツールを取り上げます。このツールによって、ワークフローの再現性を上げれば、あなただけでなく、同僚たちのためにも意味があります。

　8 章では、コマンドやツールを並列実行してスピードアップする方法を説明します。GNU Parallel[‡]（Tange、2014）というコマンドラインツールを使うと、マルチコア、リモートマシンで非常に大規模なデータセットをコマンドラインツールで操作できるようになります。

[†]　編注：「Drake」は、並列処理を行うためのコマンドツール。https://github.com/Factual/drake

[‡]　編注：「GNU Parallel」は、並列処理を行うためのコマンドツール。http://www.gnu.org/software/parallel/

1.4 コマンドラインとは何か

データサイエンスのためにコマンドラインを使うべき理由について話す前に、コマンドラインは実際にどのようなものなのかをちょっと見ておくことにしましょう（すでにおなじみかもしれませんが）。図 1-1 と図 1-2 は、それぞれ Mac OS X と Ubuntu でデフォルトで表示されるコマンドライン画面です。Ubuntu は GNU/Linux のディストリビューションの 1 つで、本書はこれを使っているという前提で話を進めていきます。

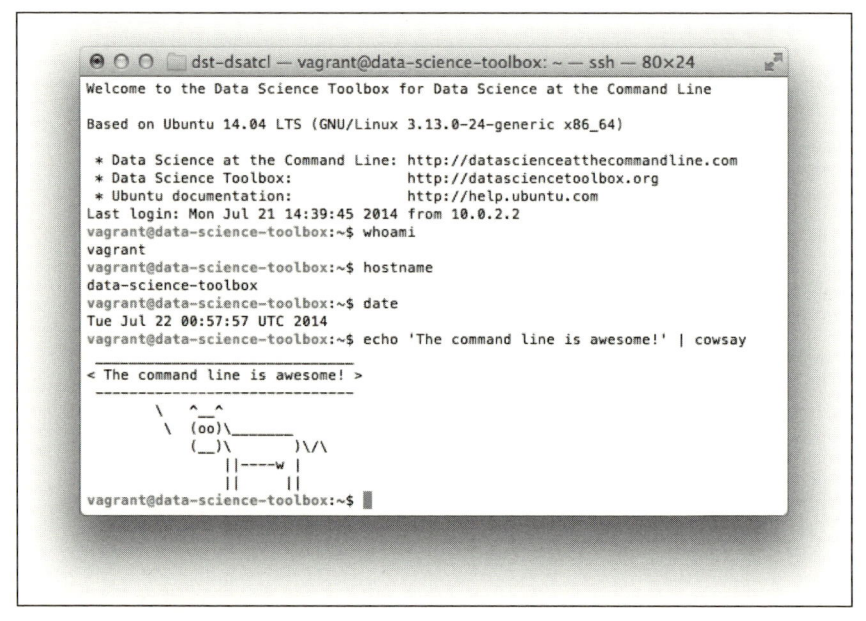

図 1-1　Mac OS X のコマンドライン

2 枚の画面に表示されているウィンドウは、ターミナルと呼ばれます。ターミナルは、シェルとやり取りできるようにするプログラムで、私たちが入力したコマンドを実行するのがシェルです（Ubuntu、Mac OS X とも、デフォルトのシェルは bash です）。

ここでは、Microsoft Windows のコマンドライン（コマンドプロンプト、あるいは PowerShell と呼ばれているもの）を示していませんが、それは本書で説明するコマンドと根本的に異なり、互換性がないからです。しかし、Microsoft Windows にも Data Science Toolbox をインストールできるので、そうすれば本書の内容を試してみることができます。Data Science Toolbox のインストール方法は、2 章で説明します。

コンピュータとのやり取りの方法として、コマンドの入力は、GUI 操作と大きく異なります。たとえば Microsoft Excel でデータを操作することに慣れている読者は、最初はこのようなやり方に気持ちがひるんでしまうかもしれません。でも、怖がらないでください。あなたもまちがいなく、あっという間にコマンドライン操作に慣れます。

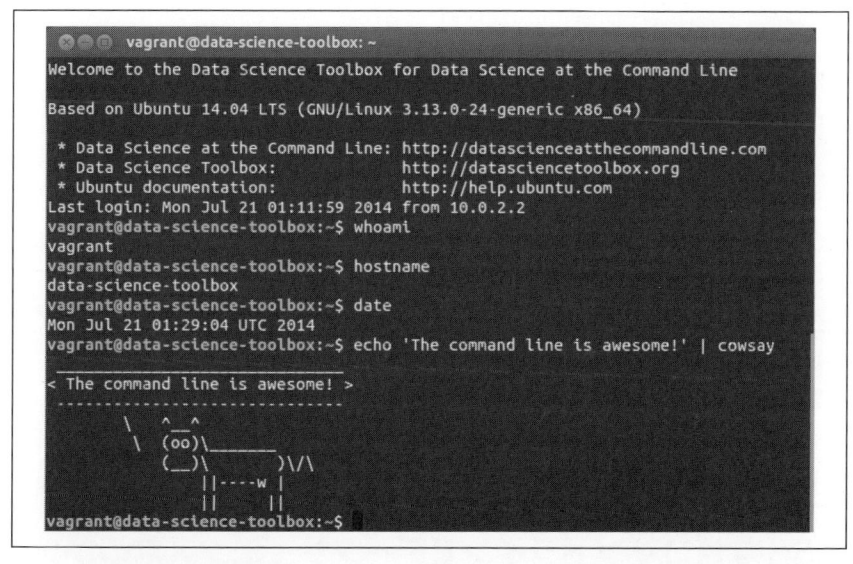

図 1-2　Ubuntu のコマンドライン

本書では、入力するコマンド、生成される出力は、テキストとして表示されます。たとえば、2 つのターミナルの内容（ウェルカムメッセージよりもあと）は、次の通りです。

```
$ whoami
vagrant
$ hostname
data-science-toolbox
$ date
Tue Jul 22 02:52:09 UTC 2014
$ echo 'The command line is awesome!' | cowsay
 _____
< The command line is awesome! >
 ------------------------------
        \   ^__^
         \  (oo)_____
            (__)\       )\/\
                ||----w |
                ||     ||
```

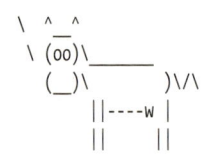

個々のコマンドの前にドル記号（$）があることにも気付かれたでしょう。これをプロンプトと呼びます。2枚の画面のプロンプトは、もっと多くの情報を表示しています。つまり、ユーザー名（vagrant）、ホスト名（data-science-toolbox）、カレントディレクトリ（~）がドル記号の前にかかれています。サンプルでは、ドル記号しか書かない習慣になっています。それは、(1) プロンプトがセッションの途中で変わることがあること（カレントディレクトリを変更したとき）、(2) ユーザーがカスタマイズできること——たとえば、現在の時刻や作業中のgit（Torvalds, Hamano、2014）ブランチなど——、(3) コマンド自体と無関係なこと、によります。

次章では、コマンドラインの基本概念についてずっと多くのことを説明します。今は、データサイエンスのためにコマンドラインの使い方を学ぶ理由を先に説明しておきましょう。

1.5　なぜコマンドラインでデータサイエンスなのか

コマンドラインには、あなたが今まで以上に有能で多くの仕事を生み出せるデータサイエンティストになるために有効なさまざまな利点があります。それらの利点をおおよそのところでまとめると、コマンドラインはアジャイルで、補完的で、スケーラブルで、拡張性が高く、普遍的です。以下、1つひとつの利点を詳しく説明します。

1.5.1　コマンドラインはアジャイル

コマンドラインの第1の利点は、あなたがアジャイルでいられることです。データ

サイエンスは、対話的、探索的な性質を持っているため、作業環境もそのような操作を受け入れられるものでなければなりません。コマンドラインは、2つの手段によってこれを実現しています。

まず第1に、コマンドラインはいわゆるREPL（read-eval-print-loop: 読み出し評価出力ループ）を提供します。つまり、コマンドを入力して[Enter]を押すと、ただちにコマンドが評価されるのです。REPLは、スクリプト、大規模プログラム、さらにはHadoopジョブなどの編集－コンパイル－実行－デバッグサイクルよりもデータサイエンスではるかに便利に感じられるものです。コマンドはすぐに実行でき、好きなように停止できて、すぐに書き換えられます。データをさまざまに操作できるのは、この短い反復サイクルのおかげです。

第2に、コマンドラインはファイルシステムと非常に近い位置にあります。データはデータサイエンスの主要成分なので、データセットを格納するファイルを簡単に操作できることはとても重要です。コマンドラインは、そのために多くの便利なツールを提供しています。

1.5.2　コマンドラインは補完的

あなたのデータサイエンスフローに現在どのようなテクノロジが含まれていても（R、IPython、Hadoopなど）、私たちはそのワークフローを捨てろと言っているわけではないことを十分に理解してください。ここでコマンドラインを紹介しているのは、現在採用しているテクノロジを強化する補完的なテクノロジとしてです。

コマンドラインは、ほかのテクノロジとうまく一体化します。その一方で、テクノロジ自身の環境にコマンドラインが含まれていることもよくあります。たとえば、PythonやRでは、コマンドラインツールを実行してその出力を取り込むことができます。この拡張性については、4章で説明します。さらに、コマンドラインは、さまざまなデータベースやMicrosoft Excel等のファイルタイプとも相性よく使えます。

どのようなテクノロジにも、利点と欠点があります。コマンドラインもその例外ではありません。そのため、複数のテクノロジの知識を蓄え、目の前の仕事にもっとも適したテクノロジを使うのが正しいやり方です。ときにはそれはRかもしれませんし、ときにはコマンドラインかもしれません。紙とペンということさえあるはずです。本書を読み終わるまでに、コマンドラインを使えるのはどのようなときで、好みのプログラミング言語や統計計算環境を使い続けた方がよいのはどのようなときかがはっきり見分けられるようになります。

1.5.3　コマンドラインはスケーラブル

　コマンドラインでの作業は、GUIを使うのとは大きく異なります。コマンドライン上では、キーボードから入力して仕事をしますが、GUIではマウスでポイントアンドクリックして作業を進めます。

　コマンドラインにマニュアルで入力するものは、すべてスクリプトやツールを通じて自動化することもできます。こうすると、ミスを犯したときやデータセットが変わったとき、同僚が同じ分析をしたいときなどに、コマンドを再実行するのはとても簡単になります。さらに、コマンドは決められた間隔で実行したり、リモートサーバーで実行したり、大量のデータチャンクに対して並列実行したりすることもできます（並列実行については8章で詳しく説明します）。

　コマンドラインは、自動化できるのでスケーラブルで反復可能になるのです。ポイントアンドクリックを自動化するのは簡単なことではありません。GUIがスケーラブルで反復可能なデータサイエンスに向いていないのはその部分です。

1.5.4　コマンドラインは拡張性が高い

　コマンドライン自体は40年前に発明されたものです。その機能の中核はほぼ変更されていませんが、コマンドラインの原動力であるツールは、毎日のように開発されています。

　コマンドライン自体は、言語を選びません。そのため、コマンドラインツールは、さまざまなプログラミング言語で書くことができます。オープンソースコミュニティは、データサイエンスのために使える高品質でありながら無料で使えるコマンドラインツールをたくさん生み出しています。

　これらのコマンドラインツールは併用できるので、コマンドラインはとても柔軟です。自分用の独自ツールを作ってコマンドラインの効果的な機能を拡張することもできます。

1.5.5　コマンドラインは普遍的

　コマンドラインは、Ubuntu、Mac OS Xなど、Unix系のあらゆるOSに含まれているので、さまざまなコンピュータで使えます。「Top 500 Supercomputer[†]」によれば、トップ500に入るスーパーコンピュータの95%はGNU/Linuxを実行している

[†]　「Top 500 Supercomputer」：http://top500.org//

そうです。そういったスーパーコンピュータに触ることがあるなら（あるいは、ドアロックが働いていないジュラシックパークに入り込んだら）、コマンドラインの使い方を知っていた方がいいでしょう。

しかし、GNU/Linux はスーパーコンピュータだけで実行されているわけではありません。サーバーやラップトップ、組み込みシステムでも実行されています。最近では、多くの企業がすぐ簡単に新しいマシンを立ち上げられるクラウドコンピューティングサービスを提供しています。そのようなマシン（あるいはサーバー全般）にログインすることがあるなら、やはりコマンドラインに行き当たる可能性は十分にあるでしょう。

多くのところで使えるということに加え、コマンドラインが流行りのテクノロジでないということも意識しておきたいところです。このテクノロジは、40 年以上前からあるもので、私たちは今後 40 年使い続けられると思っています。ですから、コマンドラインの使い方の学習（データサイエンスのために）は、投資する価値が十分にあるのです。

1.6　現実のユースケース

これまでの節では、データサイエンスの定義を示し、コマンドラインがデータサイエンスのための優れた環境になる理由を説明してきました。それでは、実際に事例を使って、コマンドラインのパワーと柔軟性を実証しましょう。ここでの話は駆け足になるので、もしよくわからない部分があっても心配しないでください。

ファッションのニューヨークコレクションがいつ開催されるのかは、つい忘れてしまいがちです。年に 2 回開催されることはわかっているのですが、いつも始まったと聞いてはびっくりしているのです。この節では、The New York Times のすばらしいウェブ API を使って、ニューヨークコレクションがいつ開催されるのかを調べます。デベロッパウェブサイトで自分用の API キーを獲得すれば、たとえば記事を検索したり、ベストセラーのリストを取得したり、イベントリストを表示したりすることができます。

私たちがクエリーを送ろうとしている API エンドポイントは、記事検索用のものです。The New York Times でニューヨークコレクションの記事の量が突出して増えれば、コレクションが開催されているかどうかがわかるだろうということです。API が返してくる結果はページネーションされて（ページに分割されて）います。つまり、ページ番号を変えて同じクエリーを何度も実行しなければなりません。ここで役に立

つのが for ループとして機能する GNU Parallel です。コマンド全体は次の通りです
（parallel に渡されているコマンドライン引数についてはわからなくても気にする必
要はありません。8章で詳しく説明します）。

```
$ cd ~/book/ch01/data
$ parallel -j1 --progress --delay 0.1 --results results "curl -sL "\
A Real-World Use Case | 9
> "'http://api.nytimes.com/svc/search/v2/articlesearch.json?q=New+York+'"\
> "'Fashion+Week&begin_date={1}0101&end_date={1}1231&page={2}&api-key='"\
> "'<your-api-key>'" ::: {2009..2013} ::: {0..99} > /dev/null
Computers / CPU cores / Max jobs to run
1:local / 4 / 1
Computer:jobs running/jobs completed/%of started jobs/Average seconds to
complete
local:1/9/100%/0.4s
```

　基本的に上のコードは、2009 年から 2014 年にかけて同じクエリーを実行していま
す。API は、クエリーあたり 100 ページ（先頭は 0）までしか受け付けないので、中
括弧の展開を使って 100 個の数値を生成しています。これらの数値は、クエリーの
page パラメータで使われます。私たちは、New+York+Fashion+Week というサーチフレー
ズが含まれている 2013 年の記事を検索しています。この API には制限があるので、
1 度に 1 つのリクエストだけが処理されるように、リクエストとリクエストの間に 1
秒のディレイを入れています。<your-api-key> の部分は、忘れずに記事検索エンド
ポイントの API キーに置き換えてください。

　1 つの要求が 10 本の記事を返してくるので、合計では 1,000 本の記事が集まります。
これらはページビュー順にソートされているので、報道の多さを推計するためにはよ
い指標になるでしょう。結果は JSON 形式で返され、results ディレクトリに格納さ
れます。コマンドラインツールの tree [†]（Baker、2014）を使えば、サブディレクト
リがどのような構造になっているか、概要を見ることができます。

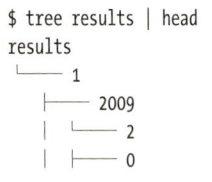

```
$ tree results | head
results
└── 1
    ├── 2009
    │   └── 2
    │       └── 0
```

[†] 編注：「tree」は、ディレクトリ構造をツリー状に表示するツール。

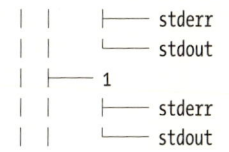

```
│  │      ├── stderr
│  │      └── stdout
│  ├── 1
│  │      ├── stderr
│  │      └── stdout
```

cat[†]（Granlund、Stallman、2012）、jq[‡]（Dolan、2014）、json2csv[§]（Czebotar、2014）を使えば、結果を結合して処理できます。

```
$ cat results/1/*/2/*/stdout |                                            ❶
> jq -c '.response.docs[] | {date: .pub_date, type: .document_type, '\    ❷
> 'title: .headline.main }' | json2csv -p -k date,type,title > fashion.csv ❸
```

このコマンドを分解してみましょう。

❶ 500のparallelジョブ（またはAPIリクエスト）の出力を結合します。

❷ jqを使って、発行日、文書タイプ、各記事の見出しを抽出します。

❸ json2csvを使ってJSONデータをCSVに変換し、fashion.csvファイルに格納します。

wc -l（Rubin、MacKenzie、2012）を使えば、このデータセットに4,855本の記事が含まれていることがわかります（おそらく、2009年のすべての関連記事を引き出しているので、5,000本になっていないのでしょう）。

```
$ wc -l fashion.csv
4856 fashion.csv
```

では、データの獲得に成功しているかどうかを確かめるために、最初の10本の記事を見てみましょう。表から時刻とタイムゾーンの情報を取り除くために、date列

[†] 編注：「cat」は、ファイルを連結し、出力するコマンドラインツール。http://www.gnu.org/software/coreutils

[‡] 編注：「jq」は、JSONから値を抽出し、集計や整形を行い表示するJSON用のコマンドラインツール。http://stedolan.github.io/jq/

[§] 編注：「json2csv」は、JSONをCSVに変換するコマンドラインツール。http://www.json2csv.com/

に cols[†]（Janssens、2014）と cut[‡]（Ihnat、MacKenzie、Meyering、2012）で処理を加えていることに注意してください。

```
$ < fashion.csv cols -c date cut -dT -f1 | head | csvlook
|--------------+------------+----------------------------------------|
| date         | type       | title                                  |
|--------------+------------+----------------------------------------|
| 2009-02-15   | multimedia | Michael Kors                           |
| 2009-02-20   | multimedia | Recap: Fall Fashion Week, New York     |
| 2009-09-17   | multimedia | UrbanEye: Backstage at Marc Jacobs     |
| 2009-02-16   | multimedia | Bill Cunningham on N.Y. Fashion Week   |
| 2009-02-12   | multimedia | Alexander Wang                         |
| 2009-09-17   | multimedia | Fashion Week Spring 2010               |
| 2009-09-11   | multimedia | Of Color | Diversity Beyond the Runway |
| 2009-09-14   | multimedia | A Designer Reinvents Himself           |
| 2009-09-12   | multimedia | On the Street | Catwalk                |
|--------------+------------+----------------------------------------|
```

うまくいっているようです。何かを読み取るためには、データを可視化すべきでしょう。図1-3は、R[§]（R Foundation for Statiscal Computing、2014）、Rio（Janssens、2014）、ggplot2[¶]（Wickham、2009）で作成した折れ線グラフです。

```
$ < fashion.csv Rio -ge 'g + geom_freqpoly(aes(as.Date(date), color=type), '\
> 'binwidth=7) + scale_x_date() + labs(x="date", title="Coverage of New York'\
> ' Fashion Week in New York Times")' | display
```

図1-3の折れ線グラフを見れば、ニューヨークコレクションが年に2回開催されていることが推測できます。そして、それが2月と9月だということまで推測できます。今年も同じ頃の開催であれば、準備ができますね。いずれにしても、この例から、The New York Times APIが面白いデータソースだということはわかっていただけたでしょう。そして、コマンドラインがデータサイエンスのためのアプローチとして非常に強力だということを確信していただけたと思います。

[†] 編注：「cols」は、列のサブセットに対して適用すると、残りの列に戻って結果を統合してくれるコマンドラインツール。

[‡] 編注：「cut」は、ファイルの各行からのセクションを削除するコマンドラインツール。

[§] 編注：「R」は、統計解析のための統合ツール。GNUライセンスで運用されている。http://www.r-project.org/foundation/

[¶] 編注：「ggplot2」は、Rで作成したデータからグラフを作成するツール。http://ggplot2.org/

この節では、非常に重要な概念と面白いコマンドラインツールの一部をちょっと覗いてみました。概念のほとんどは 2 章で、この節で使ったすべてのコマンドラインツールの詳細はその後の各章で説明していきます。

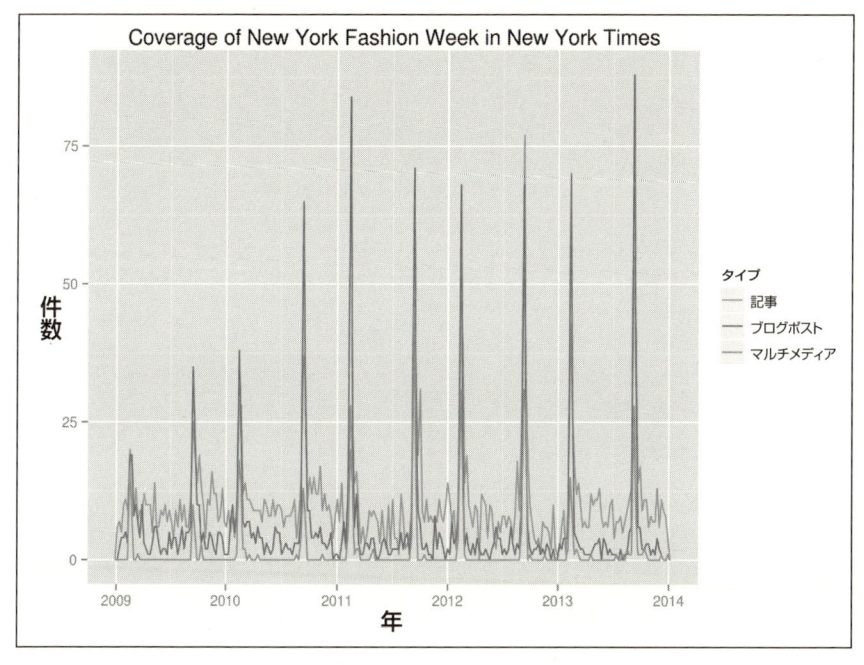

図 1-3　The New York Times によるニューヨークコレクションの報道件数

1.7　参考文献

- Mason, H., & Wiggins, C. H.（2010）. A Taxonomy of Data Science：http://www.dataists.com/2010/09/a-taxonomy-of-data-science（2014 年 5 月 10 日）

- Patil, D 著『Data Jujitsu』O'Reilly Media、2012 年。

- O'Neil, C., & Schutt, R. 著『Doing Data Science』O'Reilly Media. 日本語訳版は『データサイエンス講義』、2014 年。

- Shron, M. 著『Thinking with Data』O'Reilly Media、2014 年。

2章
さあ始めましょう

　この章では、コマンドラインでデータサイエンスをするために必要な準備をすべて整えることにします。準備は大きく2つに分かれます。(1) 本書で使うすべてのコマンドラインツールが揃った適切な環境を作ることと、(2) コマンドラインを使うときに関わってくる重要概念を理解することです。

　まず、GNU/Linux をベースとし、必要なコマンドラインツールがすべて揃っている仮想環境、Data Science Toolbox のインストール方法から説明します。そのあとで、サンプルを使ってコマンドラインの重要概念を説明します。この章を読み終わる頃には、データサイエンスの第1ステップ、データの獲得に進むために必要なすべてが揃っているはずです。

2.1 概要

　この章では、以下のことを学びます。

- Data Science Toolbox のセットアップ方法
- コマンドラインでデータサイエンスをするために必要な重要概念とツール

2.2 Data Science Toolbox のセットアップ

　本書では、コマンドラインツールをたくさん使います。私たちが使おうとしている GNU/Linux ディストリビューションの Ubuntu には、さまざまなコマンドラインツールがあらかじめインストールされています。さらに、Ubuntu は、その他の関連コマンドラインツールを収めたパッケージを多数提供しています。これらのパッケー

ジを自分でインストールするのはそれほど難しいことではありません。しかし、私たちはパッケージ化されておらず、手作業が多くて複雑なインストールを必要とするコマンドラインツールも使います。1つひとつを複雑な方法でインストールしなくても必要なコマンドラインツールを揃えられるようにするために、私たちとしてはData Science Toolboxをインストールすることをお勧めしたいと思います。

> 仮想マシン内ではなく、ネイティブにコマンドラインツールを実行したい場合には、コマンドラインツールを個別にインストールすることは不可能ではありません。しかし、とても時間がかかることは意識しておいてください。付録Aには、本書で使われているすべてのコマンドラインツールのリストが掲載されています。インストール方法の説明はUbuntu用のものしか掲載していないので、ほかのオペレーティングシステムにネイティブにコマンドラインツールをインストールする方法についての最新情報は、本書のWebサイト[†]をチェックしてください。なお、本書で使われているスクリプトとデータセットは、本書のGitHubリポジトリ[‡]をクローンすれば入手できます。

　Data Science Toolboxは仮想環境で、これをインストールすればすぐにデータサイエンスを始められます。デフォルトバージョンには、Pythonの科学技術用スタック（SciPy）やもっとも広く使われているパッケージの付いたRといったデータサイエンスで広く使われているソフトウェアが含まれています。追加ソフトウェアやデータバンドルも簡単にインストールできます。これらのバンドルは、特定の書籍、講座、組織に固有のものも含まれます。Data Science Toolboxの詳細については、http://datasciencetoolbox.org/ を参照してください。

　Data Science Toolboxのセットアップには、(1) VirtualBoxとVagrantを使ってローカルにインストールする方法と (2) Amazon Web Servicesを使ってクラウドで起動する方法の2種類があります。どちらもまったく同じ環境が得られます。この章では、本書のData Science Toolboxをローカルにセットアップするための方法を説明します。クラウドでData Science Toolboxを実行したい場合や、問題が起きたときには、本書のWebサイトを参照してください。

　Data Science Toolboxをもっとも簡単にインストールする方法は、ローカルマシンを使うものです。ローカルバージョンのData Science Toolboxは、VirtualBoxとVagrantのもとで実行されるので、Linux、Mac OS X、Microsoft Windowsでイン

[†] http://datascienceatthecommandline.com/
[‡] https://github.com/jeroenjanssens/data-science-at-the-command-line

ストールできます。

2.2.1　ステップ1: VirtualBoxのダウンロード、インストール

VirtualBox（Oracle、2014）のダウンロードページ（https://www.virtualbox.org/wiki/Downloads）に行き、あなたのOSに合ったバイナリをダウンロードしてください。そして、バイナリを開き、指示に従います。

2.2.2　ステップ2: Vagrantのダウンロード、インストール

ステップ1と同様に、Vagrant（HashiCorp、2014）のダウンロードページ（http://www.vagrantup.com/downloads.html）に行き、適切なバイナリをダウンロードしてください。そして、バイナリを開き、指示に従います。すでにVagrantがインストールされている場合は、ver.1.5以上になっていることを確かめてください。

2.2.3　ステップ3: Data Science Toolboxのダウンロード、起動

ターミナル（WindowsではコマンドプロンプトやPowerShellと呼ばれているもの）を開いてください。次のように入力してディレクトリ（たとえば、MyDataScienceToolbox）を作り、そのディレクトリに移動してください。

```
$ mkdir MyDataScienceToolbox
$ cd MyDataScienceToolbox
```

Data Science Toolboxを初期化するために、次のコマンドを実行してください。

```
$ vagrant init data-science-toolbox/data-science-at-the-command-line
```

こうすると、Vagrantfileというファイルが作られます。Vagrantfileは、Vagrantに対して仮想マシンの起動方法を教える設定ファイルです。このファイルには、コメントアウトされている行が無数に含まれています。例2-1は、最小限必要なバージョンを示しています。

例2-1　最小限のVagrantの設定

```
Vagrant.configure(2) do |config|
    config.vm.box = "data-science-toolbox/data-science-at-the-command-line"
end
```

次のコマンドを実行すると、Data Science Toolboxがダウンロード、ブートされます。

```
$ vagrant up
```

すべてがうまくいった場合、あなたのローカルマシンではData Science Toolboxが実行されています。

> Warning: Connection timeout. Retrying... というメッセージが繰り返し表示される場合、仮想マシンが入力を待っているのかもしれません。仮想マシンが正しくシャットダウンされていないときには、これが起きることがあります。問題点を探すには、Vagrantfileの最後のend文の前に次の行を追加してください。
>
> ```
> config.vm.provider "virtualbox" do |vb|
>   vb.gui = true
> end
> ```
>
> こうすると、VirtualBoxが画面を表示します。仮想マシンがブートし、問題が変わったら、Vagrantfileから上記の行を取り除くことができます。ログインするためのユーザー名、パスワードは、ともにvagrantです。この説明では解決できない場合には、本書のウェブサイト（http://datascienceatthecommandline.com）をチェックしてください。このサイトには最新のFAQリストが含まれています。

例2-2は、少し手の込んだVagrantfileを示しています。「VAGRANT DOCS」（http://docs.vagrantup.com）で、設定オプションをもっと見ることができます。

例2-2　Vagrantの設定

```
Vagrant.require_version ">= 1.5.0"                                       ❶
Vagrant.configure(2) do |config|
        config.vm.box = "data-science-toolbox/data-science-at-the-command-line"
        config.vm.network "forwarded_port", guest: 8000, host: 8000      ❷
        config.vm.provider "virtualbox" do |vb|
                vb.gui = true                                            ❸
                vb.memory = 2048                                         ❹
                vb.cpus = 2                                              ❺
                end
end
```

❶ 少なくともver.A.5.0以上のVagrantが必要です。

❷ ポート8000を転送します。これは7章で行うように、作成した図を見たい

ときに役に立ちます。

❸ GUI を起動します。

❹ 2GB のメモリを使います。

❺ 2 個の CPU を使います。

2.2.4　ステップ 4: ログイン（Linux と Mac OS X）

　Linux、Mac OS X、その他 Unix 系の OS を使っている場合、ターミナルで次のコマンドを実行すれば Data Science Toolbox にログインできます。

```
$ vagrant ssh
```

数秒後、次のメッセージが表示されます。

```
Welcome to the Data Science Toolbox for Data Science at the Command Line
Based on Ubuntu 14.04 LTS (GNU/Linux 3.13.0-24-generic x86_64)
  * Data Science at the Command Line: http://datascienceatthecommandline.com
  * Data Science Toolbox: http://datasciencetoolbox.org
  * Ubuntu documentation: http://help.ubuntu.com
Last login: Tue Jul 22 19:33:16 2014 from 10.0.2.2
```

2.2.5　ステップ 4: ログイン（Microsoft Windows）

　Microsoft Windows 上で Data Science Toolbox にログインするためには、GUI 付きで Vagrant を実行するか、サードパーティアプリケーションを使う必要があります。サードパーティアプリケーションを使う場合には、PuTTY をお勧めします。PuTTY のダウンロードページ（http://www.chiark.greenend.org.uk/~sgtatham/putty/download.html）に行き、putty.exe をダウンロードしてください。PuTTY を実行し、次の値を入力します。

- Host Name (or IP address): `127.0.0.1`

- Port: `2222`

- Connection type: `SSH`

「Save」ボタンを押してこれらの値をセッションとして保存することもできます。そうすれば、これらの値を入力し直す必要はなくなります。次に、「Open」ボタンをクリックし、ユーザー名とパスワードの両方に vagrant と入力してください。

2.2.6　ステップ 5: シャットダウンと環境の作り直し

Data Science Toolbox は、vagrant up を実行したのと同じディレクトリで次のコマンドを実行すればシャットダウンできます。

```
$ vagrant halt
```

Data Science Toolbox を削除し、最初からやり直したい場合には、次のように入力します。

```
$ vagrant destroy
```

そして、ステップ 3 に戻って Data Science Toolbox を再度セットアップしてください。

2.3　基本概念とツール

1 章では、コマンドラインとは何かについて簡単に説明しました。今は、専用の Data Science Toolbox を持っているので、本当の意味でスタートを切ることができます。この節では、コマンドラインで快適にデータサイエンスをするために知っておく必要のある重要概念とツールを説明します。今までもっぱら GUI を使ってきた読者には、大きな変化と感じられるかもしれませんが、心配はご無用です。ごく初歩的なところから初めて、少しずつ高度なテーマに移っていきます。

> この節は、GNU/Linux の入門講座ではありません。コマンドラインでデータサイエンスをすることに関連した概念とツールだけを説明します。Data Science Toolbox のメリットの 1 つは、すでに大半がセットアップ済みだということです。GNU/Linux についてもっと知りたい読者は、この章の最後で示している参考文献を参照してください。

2.3.1　環境

あなたはたった今、真新しい環境にログインしたばかりです。何かをする前にこの環境（レイヤー）をおおよそ理解しておくとよいでしょう。環境は、おおよそ 4 つの

階層によって定義されます。上から下に簡単に説明します。

コマンドラインツール

まず第1に、あなたが操作するコマンドラインツールがあります。これらのツールは、対応するコマンドを入力するという方法で使います。次節で説明しますが、コマンドラインツールにはさまざまなタイプのものがあります。ツールとしては、たとえば、ls（Stallman、MacKenzie、2012）、cat（Granlund、Stallman、2012）、jq（Dolan、2014）などがあります。

ターミナル

第2階層にあるターミナルは、コマンドを入力するアプリケーションです。コマンドの説明で次のように書かれているのを見たら、

```
$ seq 3
1
2
3
```

ターミナルに seq 3 と入力してから **[Enter]** を押すという意味です（コマンドラインツールの seq（Drepper、2012）は、数値を順に生成します）。ドル記号は入力しません。プロンプトとしてこのコマンドを入力できることを知らせるためにあるだけです。seq 3 の下の行は、コマンドの出力です。1章では、さまざまなコマンドとその出力が含まれている Mac OS X と Ubuntu のデフォルトターミナルの画面をお見せしました。

シェル

第3の階層はシェルです。コマンドを入力して **[Enter]** を押すと、ターミナルはシェルにコマンドを送ります。シェルは、コマンドを解釈するプログラムです。Data Science Toolbox は、シェルとして bash を使っていますが、ほかにもたくさんのシェルがあります。コマンドラインにもう少し慣れてきたら、Z Shell というシェルを試してみるとよいでしょう。このシェルには、コマンドラインの仕事がはかどる追加機能が多数含まれています。

オペレーティングシステム

第4の階層は、オペレーティングシステムで、私たちの場合は GNU/Linux です。

Linux は、オペレーティングシステムの心臓であるカーネルの名前です。カーネルは、CPU、ディスク、その他のハードウェアと直接やり取りします。カーネルは、コマンドラインツールの実行もします。GNU は、GNU's Not Unix の略（再帰的な）ですが、一連の基本ツールの名前です。Data Science Toolbox は、Ubuntu という特定の Linux ディストリビューションを基礎としています。

2.3.2　コマンドラインツールの実行

環境のことが理解できたので、早速コマンドを試してみましょう。ターミナルに次のコマンド（ドル記号なしで）を入力して、**[Enter]** を押してください。

```
$ pwd
/home/vagrant
```

これはごく単純なコマンドです。1個のコマンドラインツールしか含まれていないコマンドを実行したのです。そのツール、pwd（Meyering、2012）は、あなたが今いるディレクトリの名前を表示します。デフォルトでは、ログインしたばかりのホームディレクトリはここになっています。ls（Stallman、MacKenzie、2012）を使えば、このディレクトリの内容を見ることができます。

```
$ pwd
/home/vagrant
```

cd というコマンドラインツールは Bash の組み込みコマンドで、別のディレクトリに移動するために使います。

```
$ cd book/ch02/
$ cd data
$ pwd
/home/vagrant/book/ch02/data
$ cd ..
$ pwd
/home/vagrant/book/ch02/
```

cd の後ろの部分は、どのディレクトリに移動したいかを指定しています。コマンドのうしろに続く値は、コマンドラインパラメータ、あるいはオプションと呼ばれます。2つのドットは、親ディレクトリを表します。別のコマンドを試してみましょう。

```
$ head -n 3 data/movies.txt
Matrix
Star Wars
Home Alone
```

ここでは、head（MacKenzie、Meyering、2012）に3個のコマンドラインパラメータを渡しています。最初のパラメータはオプション、第2のパラメータはオプションの一部となっている値、第3のパラメータはファイル名です。このコマンドは、~/book/ch02/data/movies.txt ファイルの最初の3行を出力します。

ときどき、1ページには収まりきらないくらい長いコマンドやパイプラインを使うことがあります。そのようなときには、次のような表記を使います。

```
$ echo 'Hello'\
> ' world' |
> wc
```

大なり記号（>）は、この行が前の行の続きだということを示す継続プロンプトです。長いコマンドは、バックスラッシュ（\）かパイプ記号（|）で区切ることができます。クォート（「"」や「'」による引用符）をかならず揃えることを忘れないようにしましょう。次のコマンドは、前のコマンドとまったく同じです。

```
$ echo 'Hello world' | wc
```

2.3.3　コマンドラインツールの5つのタイプ

私たちは、「コマンドラインツール」という用語を多用しますが、まだそれが実際にはどういう意味なのかを説明していません。私たちは、コマンドラインから実行できるすべてのものをまとめてそう呼んでいますが、実はそれらのコマンドラインツールは、次の5種類のどれかに分類できます。

- バイナリの実行可能ファイル
- シェルの組み込みコマンド
- インタープリタに解釈されるスクリプト
- シェル関数

- エイリアス（別名）

　これらのタイプの違いを理解していると役に立ちます。Data Science Toolbox とともに最初からインストールされているコマンドラインツールの大半は、第1、第2のタイプ（バイナリの実行可能ファイルとシェルの組み込みコマンド）です。しかし、ほかの3つのタイプ（スクリプト、シェル関数、エイリアス）を活用すれば、独自のデータサイエンスツールボックス[†]を構築して、それまでよりも有能で多くの仕事を生み出せるデータサイエンティストになれます。

バイナリの実行可能ファイル
　バイナリの実行可能ファイルは、古くからの意味でのプログラムです。バイナリの実行可能ファイルは、ソースコードをコンパイルしてマシンコードに変換するという方法で作られます。そのため、この種のファイルをテキストエディタで開いても、ソースコードはわかりません。

シェルの組み込みコマンド
　シェルの組み込みコマンドは、シェル（私たちの場合は Bash）が提供するコマンドラインツールです。cd や help がこれに含まれます。これらは変更を加えられません。また、シェルによって違うことがあります。バイナリの実行可能ファイルと同様に、簡単に覗いたりソースコードを書き換えたりすることはできません。

インタープリタに解釈されるスクリプト
　インタープリタに解釈されるスクリプトは、バイナリの実行可能ファイルによって実行されるテキストファイルです。Python、R、Bash のスクリプトがこれに含まれます。スクリプトの大きな利点は、読むことができて書き換えられることです。例 2-3 は、~/book/ch02/fac.py というスクリプトを示しています。このスクリプトは Python に解釈されますが、それはファイル拡張子が .py だからではなく、スクリプトの先頭行が実行すべきバイナリファイルを指定しているからです。

[†] ここでは、インストールしたばかりの Data Science Toolbox のことではなく、あなた専用のツールセットという比喩的な意味でこの言葉を使っています。

例 2-3　整数の階乗を計算する Python スクリプト（~/book/ch02/fac.py）

```python
#!/usr/bin/env python
  def factorial(x):
    result = 1
    for i in xrange(2, x + 1):
      result *= i
    return result
if __name__ == "__main__":
    import sys
    x = int(sys.argv[1])
    print factorial(x)
```

このスクリプトは、コマンドラインパラメータとして渡した整数の階乗を計算します。次のようにすれば、コマンドラインから起動できます。

```
$ book/ch02/fac.py 5
120
```

4 章では、スクリプトを使って再利用可能なコマンドラインツールを作る方法を詳しく説明します。

シェル関数

シェル関数は、シェル自身によって実行される関数です。私たちの場合なら、Bash が実行します。シェル関数は Bash スクリプトと同じ機能を持ちますが、スクリプトよりも小さくなるのが普通です（必ずしもいつもそうだとは限りませんが）。より個人的なものになる傾向もあります。次のコマンドは、今見たばかりの Python スクリプトと同じように、パラメータとして渡された整数の階乗を計算する fac という関数を定義します。seq を使って数値のリストを生成し、paste（Ihnat、MacKenzie、2012）を使って * を区切り文字としてそれらの数値を 1 行に並べ、できあがった式を bc（Nelson、2006）に渡すと、bc がその式を評価して結果を出力します。

```
$ fac() { (echo 1; seq $1) | paste -s -d\* | bc; }
$ fac 5
120
```

シェル関数は、Bash の設定ファイルである ~/.bashrc で定義すると、いつでも

使えて便利です。

エイリアス

エイリアスは、マクロのようなものです。特定のコマンドに同じパラメータ（一部だけでも）を渡して実行することがたびたびある場合、その同じ部分に対してエイリアスを定義すると効果的です。また、繰り返し綴りを間違えるコマンドがあるときにも、エイリアスは便利です（GitHub プロフィールとして便利なエイリアスの長いリストを掲載している人がいます。https://github.com/chrishwiggins/mise 参照）。次のコマンドは、2つのエイリアスを定義しています。

```
$ alias l='ls -1 --group-directories-first'
$ alias moer=more
```

エイリアスを定義したあとで、コマンドラインで次のように入力すると、シェルはエイリアスを検出して値に置き換えていきます。

```
$ cd ~
$ l
book
```

エイリアスは、パラメータを受け付けないので、シェル関数よりも単純です。fac 関数はパラメータを必要とするのでエイリアスでは定義できませんが、エイリアスを使えばキーストロークをずいぶん節約できます。シェル関数と同様に、エイリアスはよく .bashrc や .bash_aliases 設定ファイルで定義されます。これらはどちらもホームディレクトリに格納されます。現在定義されているすべてのエイリアスを見るには、パラメータなしで alias を実行します。実際に実行してみて、どのようなものが定義されているかを見てみましょう。

本書で新しいコマンドラインツールを作るときには、主としてスクリプト、シェル関数、エイリアスの3種類を使います。それは、簡単に書き換えられるからです。コマンドラインツールの目的は、あなたのコマンドライン生活を楽にして、あなたを有能で多くの仕事を生み出せるデータサイエンティストに押し上げることです。コマンドラインツールのタイプは、type で調べることができます（これ自体はシェル組み込みコマンドです）。

```
$ type -a pwd
pwd is a shell builtin
pwd is /bin/pwd
$ type -a cd
cd is a shell builtin
$ type -a fac
fac is a function
fac ()
{
        ( echo 1;
        seq $1 ) | paste -s -d\* | bc
}
$ type -a l
l is aliased to `ls -1 --group-directories-first'
```

ご覧のように、type は pwd に対して2つのコマンドラインツールを返してきます。この場合、pwd と入力すると、最初に報告されたコマンドラインツールが使われます。次節では、コマンドラインツールを組み合わせて使う方法を見ていきます。

2.3.4 コマンドラインツールの結合

ほとんどのコマンドラインツールはUnixの思想に従っているので、1つのことだけをするように設計されており、実際その仕事をよくしています。たとえば、grep（Meyering、2012）は行のフィルタリング、wc（Rubin、MacKenzie、2012）は行数の計算、sort（Haertel、Eggert、2012）は行のソートをすることができます。コマンドラインツールのパワーがもっとも発揮されるのは、これらの小さいながら強力なコマンドラインツールを結合できるところにあります。コマンドラインツールを結合する方法としてもっとも一般的なのが、いわゆるパイプです。第1のツールの出力を第2のツールに渡すということです。これに関して制限はほとんどありません。

たとえば、順に並んだ数値を生成する seq について考えてみましょう。1から5までの数値を生成してみます。

```
$ seq 5
1
2
3
4
5
```

コマンドラインツールの出力は、デフォルトでターミナルに渡され、ターミナルはそれを画面に表示します。seq の出力は、行をフィルタリングする grep にパイプで渡すことができます。3 が含まれている数値だけを見たいものとします。その場合、seq と grep を次のように結合します。

```
$ seq 30 | grep 3
3
13
23
30
```

そして、1 から 100 までの間に 3 を含む数値がいくつあるのかを知りたければ、行数計算に長けた wc を使うことができます。

```
$ seq 100 | grep 3 | wc -l
19
```

-l オプションは、行数だけを出力するように wc に指示します。デフォルトでは、wc は字数と語数も返してきます。

コマンドラインツールの結合は非常に強力な概念だということが感じられてきたでしょうか。本書では、もっと多くのツールを紹介し、それらを組み合わせたときに実現できる機能をお見せします。

2.3.5 入出力のリダイレクト

先ほども触れたように、パイプラインの最後のコマンドラインツールはターミナルに出力をします。この出力は、ファイルに保存することもできます。これを出力のリダイレクトと言い、次のようにして行います。

```
$ cd ~/book/ch02
$ seq 10 > data/ten-numbers
```

ここでは、seq ツールの出力を ~/book/ch02/data ディレクトリの ten-numbers というファイルに保存しています。まだこのファイルが存在しない場合には、ファイルが作られます。すでに存在する場合には、内容が上書きされます。>> を使えば、ファイルに出力を追記することもできます。つまり、元のコンテンツの後ろに出力が追加されるということです。

```
$ echo -n "Hello" > hello-world
$ echo " World" >> hello-world
```

echoツールは、指定した値を単純に出力します。-nオプションを指定すると、echoは最後に改行を出力しなくなります。

中間的な結果を格納しなければならないときには、ファイルへの出力の保存は役に立ちます（たとえば、あとのステージで分析を続ける場合）。hello-worldファイルの内容を再び使うには、ファイルを読んで出力するcat（Granlund、Stallman、2012）を使います。

```
$ cat hello-world | wc -w
2
```

（-wオプションを指定したwcは語数だけを数えます）。次のように書いても同じ結果が得られます。

```
$ < hello-world wc -w
2
```

こうすると、別プロセスを実行せずにファイルを標準入力に直接渡すことができます。コマンドラインパラメータとしてファイルを指定できるコマンドラインツールでは（多くのものがそうですが）、wcコマンドに対して次のようなコマンドラインを使うこともできます。

```
$ wc -w hello-world
2 hello-world
```

2.3.6　ファイルの操作

データサイエンティストは多くのデータを操作しますが、データはファイルに格納されていることがよくあります。そこで、コマンドラインでのファイル（及び、ファイルが格納されているディレクトリ）の操作方法を知っていることが大切になってきます。GUIでできることは、コマンドラインツールでもすべてできます（さらにそれ以上のことも）。この節では、ファイル、ディレクトリの作成、移動、コピー、名称変更、削除というもっとも重要な操作を説明します。

すでに説明したように、>または>>で出力をリダイレクトすると、新しいファイ

ルを作成できます。ファイルを別のディレクトリに移動しなければならないときには、`mv`（Parker、MacKenzie、Meyering、2012）を使います。

```
$ mv hello-world data
```

`mv` はファイル名を変更することもできます。

```
$ cd data
$ mv hello-world old-file
```

ディレクトリ全体の名前を変えたり移動したりすることもできます。ファイルが不要になったときには、`rm`（Rubin、MacKenzie、Stallman、Meyering、2012）で削除することもできます。

```
$ rm old-file
```

ディレクトリとそのなかのすべてのファイルを削除したいときには、`-r` オプション（recursive: 再帰的という意味）を指定します。

```
$ rm -r ~/book/ch02/data/old
```

ファイルをコピーしたい場合には、`cp`（Granlund、MacKenzie、Meyering、2012）を使います。このコマンドは、バックアップを作るために役立ちます。

```
$ cp server.log server.log.bak
```

ディレクトリは、`mkdir`（MacKenzie、2012）で作ります。

```
$ cd data
$ mkdir logs
```

これらのコマンドラインツールは、どれも verbose（冗舌）という意味の `-v` オプションを受け付けます。このオプションを指定すると、実行中の処理が出力されます。`mkdir` 以外のコマンドは、interactive（対話的）という意味の `-i` オプションを受け付け、これを指定するとツールがあなたに確認を求めてきます。

コマンドラインツールを使ったファイル管理は、すぐにフィードバックをくれるグラフィカルなファイルシステム表示がないので、最初は恐ろしい感じがするかもしれません。

2.3.7 ヘルプ

コマンドラインで道を探していると、誰かに助けてもらわないと困る場面にぶつかることがあります。もっとも経験の長い Linux ユーザーでも、ヘルプが必要になることがあります。すべてのコマンドラインツールとそのオプションのことを覚えることはとてもできません。幸い、コマンドラインには、ヘルプを見るための方法が複数あります。

おそらく、ヘルプが必要なときにもっとも重要なコマンドは、man（Eaton、Watson、2014）でしょう。man は manual の略で、ほとんどのコマンドラインツールのヘルプ情報を持っています。たとえば、cat のオプションを忘れてしまったとします。次のようにすれば、cat の man ページにアクセスできます。

```
$ man cat | head -n 20
CAT(1)    User Commands    CAT(1)

NAME
       cat - concatenate files and print on the standard output

SYNOPSIS
       cat [OPTION]... [FILE]...

DESCRIPTION
       Concatenate FILE(s), or standard input, to standard output.

       -A, --show-all
              equivalent to -vET
       -b, --number-nonblank
              number nonempty output lines, overrides -n
       -e equivalent to -vE
```

本書では、ときどきコマンドの最後に head、fold、cut を入れることがあります。これは、コマンドの出力がページに入るようにするためであり、いちいち入力する必要はありません。たとえば、head -n 5 を付けると、出力の先頭 5 行だけが表示されます。fold は長い行を 1 行 80 字で折り返し、cut -c1-80 は 80 字よりも長い行を 80 字のところで切り取ります。

すべてのコマンドラインツールが man ページを持っているわけではありません。cd などのシェル組み込みコマンドに対しては、help を使う必要があります。

```
$ help cd | head -n 20
cd: cd [-L|[-P [-e]] [-@]] [dir]
    Change the shell working directory.

    Change the current directory to DIR. The default DIR is the value of the
    HOME shell variable.

    The variable CDPATH defines the search path for the directory containing
    DIR. Alternative directory names in CDPATH are separated by a colon (:).
    A null directory name is the same as the current directory. If DIR begins
    with a slash (/), then CDPATH is not used.

    If the directory is not found, and the shell option 'cdable_vars' is set,
    the word is assumed to be a variable name. If that variable has a value,
    its value is used for DIR.

    Options:
      -L    force symbolic links to be followed: resolve symbolic links in
            DIR after processing instances of '..'
      -P    use the physical directory structure without following symbolic
            links: resolve symbolic links in DIR before processing instances
```

help は、bash のほかのトピックも扱っているので、興味がある読者は試してみてください（コマンドラインパラメータなしで help を実行すると、トピック一覧が表示されます）。

また、コマンドラインで使える比較的新しいツールにも man ページがないことがよくあります。その場合は、-h または --help オプションを付けてコマンドを実行してみましょう。

```
jq --help

jq - commandline JSON processor [version A.4]
Usage: jq [options] <jq filter> [file...]

For a description of the command line options and
26 | Chapter 2: Getting Started
how to write jq filters (and why you might want to)
see the jq manpage, or the online documentation at
http://stedolan.github.com/jq
```

cat などの GNU コマンドラインツールも --help オプションをサポートしていま

す。しかし、多くの場合、対応する man ページの方がしっかりとした情報を提供しています。これら3つのアプローチでうまくいかず、暗礁に乗り上げてしまったら、もちろんインターネットで調べてみるのもよいことです。付録Aには、本書で使われているすべてのコマンドラインツールのリストがあります。リストでは、個々のコマンドラインツールのインストール方法のほか、ヘルプの入手方法も説明してあります。

2.4 参考文献

- Janssens, J. H. M. (2014). Data Science Toolbox。2014 年 5 月 10 日 に http://datasciencetoolbox.org より取得。

- Oracle. (2014). VirtualBox。2014 年 5 月 10 日に http://virtualbox.org より取得。

- HashiCorp. (2014). Vagrant。2014 年 5 月 10 日 に http://vagrantup.com より取得。

- Heddings, L. (2006). Keyboard Shortcuts for Bash。2014 年 5 月 10 日 に http://www.howtogeek.com/howto/ubuntu/keyboard-shortcuts-for-bash-command-shell-for-ubuntu-debian-suse-redhat-linux-etc より取得。

- Peek, J., Powers, S., O'Reilly, T., & Loukides, M. (2002). Unix Power Tools (3rd Ed.、http://bit.ly/Unix_Power_Tools_3e)。O'Reilly Media。（日本語版は『Unix パワーツール 第3版』、2003 年、オライリー・ジャパン）

3章
データの獲得

　この章は、OSEMNモデルの最初のステップ、データの獲得を取り上げます。データがなければ、データサイエンスと言ってもできることはあまりありません。ここでは、データサイエンスの問題を解くために必要なデータがすでに何らかの形でどこかに存在することを前提として話を進めます。私たちの目標は、このデータを操作できる形でコンピュータ（あるいはData Science Toolbox）に取り込むことです。

　Unixの思想に従えば、テキストは普遍的なインターフェイスです。ほぼすべてのコマンドラインツールは、入力としてテキストを受け付けるか、出力としてテキストを生成するか、両方をします。これがコマンドラインツールが組み合わせやすい大きな理由になっています。しかし、これから見ていくように、テキストと言っても、そのなかでさまざまな形式のものがあります。

　データの獲得方法は複数あります。たとえば、サーバーからのダウンロード、データベースに対するクエリー、ウェブAPIへの接続などです。データは圧縮形式やMicrosoft Excelなどのバイナリ形式で届く場合もあります。この章では、コマンドラインからデータを獲得するために役立つツールを取り上げていきます。curl（Stenberg、2012）、in2csv（Groskopf、2014）、sql2csv（Groskopf、2014）、tar（Bailey、Eggert、Poznyakoff、2014）などです。

3.1　概要

　この章では、以下のことを学びます。

- インターネットからのデータのダウンロード

- データベースクエリー
- ウェブ API への接続
- ファイルの解凍
- Microsoft Excel スプレッドシートから使えるデータへの変換

3.2　ローカルファイルから Data Science Toolbox へのコピー

必要なファイルがすでにコンピュータ上にあるということはよくあります。この節では、そのようなファイルをローカルまたはリモートの Data Science Toolbox に導入する方法を説明します。

3.2.1　ローカルバージョンの Data Science Toolbox

2 章でも触れたように、ローカルバージョンの Data Science Toolbox は仮想環境に隔離されています。幸い、例外が 1 つあります。ファイルは Data Science Toolbox との間でやり取りできるのです。`vagrant up` を起動したローカルディレクトリ（Vagrantfile が格納されているディレクトリ）は、Data Science Toolbox 内のディレクトリにマッピングされています。このディレクトリは /vagrant と呼ばれています（あなたのホームディレクトリではないことに注意してください）。このディレクトリの内容をチェックしましょう。

```
$ ls -1 /vagrant
Vagrantfile
```

ローカルコンピュータにファイルがあり、それに対してコマンドラインツールで何らかの処理をしたいときには、ファイルをこのディレクトリにコピー、または移動してくるだけのことです。たとえば、デスクトップに logs.csv というファイルがあるものとします。GNU/Linux か Mac OS X を使っている場合、ローカル OS の Vagrantfile があるディレクトリで次のコマンドを実行します。

```
$ cp ~/Desktop/logs.csv .
```

Windows を使っている場合は、コマンドプロンプトか PowerShell で次のコマン

ドを実行します。

```
> cd %UserProfile%\Desktop
> copy logs.csv MyDataScienceToolbox\
```

Windowsエクスプローラを使ってファイルをドラッグアンドドロップしてもかまいません。これでファイルは/vagrantディレクトリにあります。データは別ディレクトリで管理するようにしたいところです（たとえば、この場合なら ~/book/ch03/data を使います）。そこで、ファイルをコピーしたら、次のコマンドを実行してファイルを移動します。

```
$ mv /vagrant/logs.csv ~/book/ch03/data
```

3.2.2　リモートバージョンのData Science Toolbox

LinuxかMac OS Xを使っているなら、secure copyという意味のscpコマンド（Rinne、Ylonen、2014）を使えば、ファイルをEC2インスタンスにコピーできます。このとき、Data Science Toolboxを実行するEC2インスタンスにログインするときに使ったのと同じキーペアファイルが必要になります。

```
$ scp -i mykey.pem ~/Desktop/logs.csv \
> ubuntu@ec2-184-73-72-150.compute-1.amazonaws.com:data
```

サンプルのなかのホスト名（@から：までの間）は、AWSコンソールのEC2概要ページに表示されている値に置き換えてください。

3.3　ファイルの解凍

もとのデータセットが非常に大きい場合、あるいは多数のファイルのコレクションになっている場合には、(圧縮された)アーカイブにまとめられている場合があります。反復される値（テキストファイル内の単語やJSONファイル内のキーなど）を多く含むデータセットは、特に圧縮に適しています。

圧縮済みアーカイブファイルの拡張子としてよく使われているものは、.tar、.gz、.zip、.rarです。これらのファイルの解凍には、tar (Bailey、Eggert、Poznyakoff、2014)、unzip (Smith、2009)、unrar (Asselstine、Scheurer、Winkelmann、2014)を使います。また、それほど多くはありませんが、これら以外のファイル拡

張子を持ちこれら以外のツールを必要とするファイルもあります。たとえば、logs.tar.gz という名前のファイルを抽出するには、次のコマンドを使います。

```
$ cd ~/book/ch03
$ tar -xzvf data/logs.tar.gz
```

実は、tar はオプションが多いということで評判の悪いツールです。この場合、x、z、v、f の 4 つのオプションは、それぞれアーカイブからファイルを抽出（eXtract）せよ、解凍のアルゴリズムとしては gZip を使え、冗舌（Verbose）に状況を出力せよ、logs.tar.gz というファイル（File）を使え、ということを示しています。この 4 文字の入力にはいずれ慣れるでしょうが、もっと便利な方法があります。

さまざまなコマンドラインツールとそのオプションを覚えなくても、unpack（Brisbin、2013）という便利なスクリプトが作られており、これを使えばさまざまな形式の圧縮ファイルを解凍できます。unpack は、解凍しようとしているファイルの拡張子を見て、適切なコマンドラインツールを呼び出します。

unpack は、Data Science Toolbox に含まれています。Data Science Toolbox のインストール方法は 2 章で説明しました。例 3-1 は、unpack のソースコードです。bash スクリプトは本書で重点を置いているテーマではありませんが、少し時間を割いて仕組みを解明していくと役に立ちます。

例 3-1　さまざまなファイル形式を解凍するスクリプト

```bash
#!/usr/bin/env bash
# unpack: 一般的な圧縮形式からファイルを抽出する

# パラメータが指定されていなければ、構文を表示

if [[ -z "$@" ]]; then
echo " ${0##*/} <archive> - extract common file formats)"
exit
fi

# 必須プログラム

req_progs=(7z unrar unzip)
for p in ${req_progs[@]}; do
hash "$p" 2>&- || \
{ echo >&2 " Required program \"$p\" not installed."; exit 1; }
```

例 3-1　さまざまなファイル形式を解凍するスクリプト（続き）

```
    done

    # ファイルが存在するかどうかをテスト
    if [ ! -f "$@" ]; then
    echo "File "$@" doesn't exist"
    exit
    fi

    # 拡張子から判断してファイルを抽出
    case "$@" in
      *.7z ) 7z x "$@" ;;
      *.tar.bz2 ) tar xvjf "$@" ;;
      *.bz2 ) bunzip2 "$@" ;;
      *.deb ) ar vx "$@" ;;
      *.tar.gz ) tar xvf "$@" ;;
      *.gz ) gunzip "$@" ;;
      *.tar ) tar xvf "$@" ;;
      *.tbz2 ) tar xvjf "$@" ;;
      *.tar.xz ) tar xvf "$@" ;;
      *.tgz ) tar xvzf "$@" ;;
      *.rar ) unrar x "$@" ;;
      *.zip ) unzip "$@" ;;
      *.Z ) uncompress "$@" ;;
      * ) echo " Unsupported file format" ;;
    esac
```

先ほどと同じファイルは、次のようなコマンドで簡単に解凍できます。

```
$ unpack logs.tar.gz
```

3.4　Microsoft Excel スプレッドシートの変換

　Microsoft Excel は、多くの人々にとって、小さなデータセットを操作し、そのデータから計算をすることができるわかりやすいツールです。そのため、Microsoft Excel スプレッドシートには多くのデータが埋もれています。スプレッドシートは、プロプライエタリなバイナリ形式（.xls）か圧縮された XML ファイルのコレクション（.xlsx）として格納されています。どちらの場合も、ほとんどのコマンドラインツールはすぐにデータを操作できます。そのような形で格納されているからというだけの理由で価値のあるデータセットを使えないとすれば、情けないことです。

幸い、Microsoft Excel スプレッドシートを CSV ファイルに変換できる in2csv
（Groskopf、2014）というコマンドラインツールがあります。CSV は、comma-
separated values（カンマ区切りの値）、または character-separeted values（文字で
区切られた値）の略です。CSV には正式な仕様というものがないので、CSV 操作は
難しくなることがあります。RFC 4180 は、次の 3 点に基づいて CSV 形式を定義し
ています。

1. 各レコードは、たとえば次のように、改行（CRLF）によって区切られた別々
   の行に配置されます。

   aaa,bbb,ccc CRLF
   zzz,yyy,xxx CRLF

2. ファイルの最後のレコードは、たとえば次のように改行があってもなくても
   かまいません。

   aaa,bbb,ccc CRLF
   zzz,yyy,xxx

3. オプションで、通常のレコード行と同じ形式のヘッダー行をファイルの先頭
   に入れることができます。このヘッダーには、ファイル内のフィールドの名
   前が含まれており、ほかの行に含まれるレコードと同じ数のフィールドがな
   ければなりません（ヘッダー行の有無は、この MIME タイプのオプション
   の header パラメータで示します）。たとえば、次の通りです。

   field_name,field_name,field_name CRLF
   aaa,bbb,ccc CRLF
   zzz,yyy,xxx CRLF

「Internet Movie Database」（IMDb）のトップ 250 の映画がまとめられているス
プレッドシートを使って in2csv を試してみましょう。このファイルは imdb-250.xlsx
という名前で、http://bit.ly/analyzing_top250_movies_list から入手できます。デー
タを抽出するには、次のようにして in2csv を実行します。

```
$ cd ~/book/ch03
$ in2csv data/imdb-250.xlsx > data/imdb-250.csv
```

ファイルの形式は、拡張子（この場合は .xlsx）によって自動的に判断されます。パイプを使って `in2csv` にデータを送る場合には、明示的に形式を指定しなければなりません。では、データをちょっと見てみましょう。

```
$ in2csv data/imdb-250.xlsx | head | cut -c1-80
Title,title trim,Year,Rank,Rank (desc),Rating,New in 2011 from 2010?,2010 rank,R
Sherlock Jr. (1924),SherlockJr.(1924),1924,221,30,8,y,n/a,n/a,
The Passion of Joan of Arc (1928),ThePassionofJoanofArc(1928),1928,212,39,8,y,n/
His Girl Friday (1940),HisGirlFriday(1940),1940,250,1,8,y,n/a,n/a,
Tokyo Story (1953),TokyoStory(1953),1953,248,3,8,y,n/a,n/a,
The Man Who Shot Liberty Valance (1962),TheManWhoShotLibertyValance(1962),1962,2
Persona (1966),Persona(1966),1966,200,51,8,y,n/a,n/a,
Stalker (1979),Stalker(1979),1979,243,8,8,y,n/a,n/a,
Fanny and Alexander (1982),FannyandAlexander(1982),1982,210,41,8,y,n/a,n/a,
Beauty and the Beast (1991),BeautyandtheBeast(1991),1991,249,2,8,y,n/a,n/a,
```

ご覧のように、デフォルトの CSV はあまり読みやすいものではありません。そこで、データを `csvlook`（Groskopf、2014）というツールにパイプ（|）で送ると、きれいな表形式にまとめてくれます。次の例は、ページに収まるように列の一部だけを含む表を `csvcut` で作っています。

```
$ in2csv data/imdb-250.xlsx | head | csvcut -c Title,Year,Rating | csvlook
|-----------------------------------------+------+---------|
| Title                                   | Year | Rating  |
|-----------------------------------------+------+---------|
| Sherlock Jr. (1924)                     | 1924 | 8       |
| The Passion of Joan of Arc (1928)       | 1928 | 8       |
| His Girl Friday (1940)                  | 1940 | 8       |
| Tokyo Story (1953)                      | 1953 | 8       |
| The Man Who Shot Liberty Valance (1962) | 1962 | 8       |
| Persona (1966)                          | 1966 | 8       |
| Stalker (1979)                          | 1979 | 8       |
| Fanny and Alexander (1982)              | 1982 | 8       |
| Beauty and the Beast (1991)             | 1991 | 8       |
|-----------------------------------------+------+---------|
```

スプレッドシートは、複数のワークシートを含むことがあります。デフォルトでは、in2csv は最初のワークシートを抽出します。別のワークシートを抽出するには、--sheet オプションにワークシート名を渡さなければなりません。

in2csv、csvcut、csvlook ツールは、実際には CSV データを操作するコマンドラインツールのコレクションである Csvkit の一部です。Csvkit には、いいツールがたくさん含まれているので、本書ではたびたび登場します。Data Science Toolbox を使っている場合、Csvkit はすでにインストールされています。そうでなければ、インストール方法は付録 A を参照してください。

> in2csv を使わずに、Microsoft Excel やそのオープンソース版である LibreOffice Calc でスプレッドシートを開き、手作業で CSV にエクスポートする方法もあります。この方法は 1 度だけでよければかまいませんが、複数のファイルを操作しなければならないときにスケーラビリティがなく、自動化できないという欠点があります。さらに、リモートサーバーのコマンドラインを操作している場合には、そのようなアプリケーションを使えない場合もあります。

3.5　リレーショナルデータベースへのクエリー

ほとんどの企業は、MySQL、PostgreSQL、SQLite などのリレーショナルデータベースにデータを格納しています。こういったデータベースは、どれも少し異なるインターフェイスを持っています。コマンドラインツールやコマンドラインインターフェイスを提供しているものもあれば、そうでないものもあります。また、構文や出力まで細かく見ていくと、一言でコマンドラインといっても統一性はありません。

幸い、Csvkit スイートの一部として sql2csv というコマンドラインツールがあります。このツールは Python の SQLAlchemy パッケージを活用しているので、MySQL、Oracle、PostgreSQL、SQLite、Microsoft SQL Server、Sybase を含むさまざまなデータベースに対してこれ 1 つでクエリーを発行できます。sql2csv の出力は、名前からもわかるように、CSV 形式です。

リレーショナルデータベースのデータは、SELECT クエリーを実行すれば取得できます（sql2csv は、INSERT、UPDATE、DELETE クエリーもサポートしていますが、それはこの章の目的から外れます）。たとえば、iris.db という名前の SQLite データベースから特定のデータ群を選択するには、次のように sql2csv を実行します。

```
$ sql2csv --db 'sqlite:///data/iris.db' --query 'SELECT * FROM iris '\
> 'WHERE sepal_length > 7.5'
sepal_length,sepal_width,petal_length,petal_width,species
7.6,3.0,6.6,2.1,Iris-virginica
7.7,3.8,6.7,2.2,Iris-virginica
7.7,2.6,6.9,2.3,Iris-virginica
7.7,2.8,6.7,2.0,Iris-virginica
7.9,3.8,6.4,2.0,Iris-virginica
7.7,3.0,6.1,2.3,Iris-virginica
```

この例では、sepal_length が7.5 よりも大きいすべての行を選択しています。--db オプションはデータベースの URL を指定します。URL の典型的な形態は、[方言＋ドライバ]://[ユーザー名]:[パスワード]@[ホスト]:[ポート]/[データベース] です。

3.6　インターネットからのダウンロード

　インターネットは、間違いなく最大のデータ資源です。このデータは、さまざまなプロトコルでさまざまな形で入手できます。インターネットからのデータのダウンロードということでは、cURL（Stenberg、2012）はコマンドライン上のスイスアーミーナイフのような万能性を発揮します。

　Web ブラウザで URL（Uniform Resource Locator）にアクセスすると、ダウンロードされるデータは横取りできるようになっています。たとえば、HTML ファイルは Web サイトとしてレンダリングされ、MP3 ファイルは自動的に再生され、PDF ファイルは自動的にビューアに開かれる場合があります。しかし、cURL を使って URL にアクセスすると、データはそのままの形でダウンロードされ、標準出力に出力されます。ここでほかのコマンドラインツールを使えば、データをさらに処理できます。

　curl のもっとも簡単な起動方法は、単純にコマンドラインパラメータとして URL を指定するものです。たとえば、Project Gutenberg から Mark Twain の『Adventures of Huckleberry Finn（ハックルベリーフィンの冒険）』をダウンロードするには、次のコマンドを実行します。

```
$ curl -s http://www.gutenberg.org/cache/epub/76/pg76.txt | head -n 10

The Project Gutenberg EBook of Adventures of Huckleberry Finn, Complete
by Mark Twain (Samuel Clemens)

This eBook is for the use of anyone anywhere at no cost and with almost
```

no restrictions whatsoever. You may copy it, give it away or re-use
it under the terms of the Project Gutenberg License included with this
eBook or online at www.gutenberg.net
```

デフォルトでは、curl はダウンロード率を示すプログレスメーターと完了までの予想時間を表示します。パイプで出力を head などのほかのコマンドラインツールに直接送り込むときには、silent（静かに）を表す -s オプションをかならず指定して、プログレスメーターを無効にしてください。たとえば、次のコマンドと出力を比較してみましょう。

```
$ curl http://www.gutenberg.org/cache/epub/76/pg76.txt | head -n 10
  % Total    % Received % Xferd  Average Speed   Time    Time     Time  Current
                                 Dload  Upload   Total   Spent    Left  Speed

  0     0    0     0    0     0      0      0 --:--:-- --:--:-- --:--:--

The Project Gutenberg EBook of Adventures of Huckleberry Finn, Complete
by Mark Twain (Samuel Clemens)

This eBook is for the use of anyone anywhere at no cost and with almost
no restrictions whatsoever. You may copy it, give it away or re-use
it under the terms of the Project Gutenberg License included with this
eBook or online at www.gutenberg.net
```

プログレスメーターを無効にしていない第2のコマンドの出力には、不要なテキストだけでなく、エラーメッセージまで含まれています。このデータをファイルに保存するつもりなら、かならずしも -s オプションを指定する必要はありません。

```
$ curl http://www.gutenberg.org/cache/epub/76/pg76.txt > data/finn.txt
```

出力は、-o オプションで明示的に出力ファイルを指定して保存することもできます。

```
$ curl -s http://www.gutenberg.org/cache/epub/76/pg76.txt -o data/finn.txt
```

インターネットからデータをダウンロードするときには、たいていの場合、URL はプロトコルとして HTTP か HTTPS を使ったものになるでしょう。FTP（File Transfer Protocol）サーバーからのダウンロードでも、curl はまったく同じように使います。URL がパスワード保護を受けている場合、次のようにしてユーザー名とパスワードを指定することができます。
```

```
$ curl -u username:password ftp://host/file
```

指定されたURLがディレクトリなら、curlはディレクトリのファイルリストを表示します。ブラウザでhttp://bit.ly/ やhttp://t.co/ などで始まる短縮URLにアクセスすると、ブラウザが自動的に正しい位置にリダイレクトしてくれます。しかし、curlを使ったときにリダイレクトしてもらうには、-Lまたは--locationオプションを指定する必要があります。

```
$ curl -L j.mp/locatbbar
```

-Lまたは--locationオプションを指定しなければ、次のような出力になります。

```
$ curl j.mp/locatbbar
<html>
<head>
<title>bit.ly</title>
</head>
<body>
<a href="http://en.wikipedia.org/wiki/List_of_countries_and_territories_by_bo
rder/area_ratio">moved here</a>
</body>
```

-I、または--headオプションを指定すると、curlはレスポンスのHTTPヘッダーだけをフェッチします。

```
$ curl -I j.mp/locatbbar
HTTP/1.1 301 Moved Permanently
Server: nginx
Date: Wed, 21 May 2014 18:50:28 GMT
Content-Type: text/html; charset=utf-8
Connection: keep-alive
Cache-Control: private; max-age=90
Content-Length: 175
Location: http://en.wikipedia.org/wiki/List_of_countries_and_territories_by_bo
Mime-Version: 1.0
Set-Cookie: _bit=537cf574-002ba-07d79-2e1cf10a;domain=.j.mp;expires=Mon Nov 17
```

第1行目は、HTTPステータスコードを示しています。この場合は301（恒久的に移動済み）になっています。このURLがリダイレクトされている位置（http://en.wikipedia.org/wiki/List_of_countries_and_territories_by_border/area_ratio）

も表示されています。このようにヘッダーを見て、ステータスコードを取得するのは、curl が予想外の結果を返してきたときのデバッグツールとして役に立ちます。よく見られる HTTP ステータスコードとしては、このほかに 404（未検出）、403（アクセス禁止）などがあります（すべての HTTP ステータスコードのリストについては、Wikipedia のページ[†]を参照してください）。

　この節をまとめておくと、cURL はインターネットからデータをダウンロードするためのコマンドラインツールで、わかりやすくできています。cURL のオプションでもっともよく使われるのは、プログレスメーターの表示を禁止する -s、ユーザー名とパスワードを指定するための -u、リダイレクトを自動的にフォローする -L です。詳しくは、man ページを参照してください。

3.7　ウェブ API 呼び出し

　前節では、インターネットから個別のファイルをダウンロードする方法を説明しました。インターネットからは、ウェブ API（Application Programming Interface）を介してデータが送られてくることもあります。企業その他の組織が提供している API の数は、どんどん増えてきています。つまり、データサイエンティストにとって面白いデータが大量にあるということです。

　ウェブ API は、ウェブサイトのようにきれいなレイアウトでプレゼンテーションすることを目的として作られているわけではありません。ほとんどのウェブ API は、JSON や XML という構造化された形式でデータを返してきます。構造化された形式でデータが提供されていると、jq など、ほかのツールで簡単にデータを処理できるという利点があります。たとえば、http://randomuser.me の API は、次のような JSON データを返してきます。

```
$ curl -s http://api.randomuser.me | jq '.'
{
  "results": [
  {
      "version": "0.3.2",
     "seed": "1c5b868416387bf",
     "user": {
       "picture": "http://api.randomuser.me/0.3.2/portraits/women/2.jpg",
       "SSN": "972-79-4140",
```

[†] Wikipedia：「List of HTTP status codes」http://en.wikipedia.org/wiki/List_of_HTTP_status_codes

```
          "cell": "(519)-135-8132",
          "phone": "(842)-322-2703",
          "dob": "64945368",
          "registered": "1136430654",
          "sha1": "a3fed7d4f481fbd6845c0c5a19e4f1113cc977ed",
          "gender": "female",
          "name": {
            "last": "green",
            "first": "scarlett",
            "title": "miss"
          },
          "location": {
            "zip": "43413",
            "state": "nevada",
            "city": "redding",
            "street": "8608 crescent canyon st"
          },
          "email": "scarlett.green32@example.com",
          "username": "reddog82",
          "password": "ddddd",
          "salt": "AEKvMi$+",
          "md5": "f898fc73430cff8327b91ef6d538be5b"
        }
      }
    ]
  }
```

jq にパイプでデータを送っているのは、美しく表示するためです。jq には、5 章で見るようにこれ以外にも多くの可能性があります。

一部のウェブ API は、ストリーミングという形でデータを返してきます。つまり、そこに接続すると、データは永遠に流れてくるということです。そのようなもので有名なのは、Twitter の firehose です。firehose は、世界中で送られているすべてのツイートをたえずストリーミングしています。幸い、私たちが使うほとんどのコマンドラインツールも、ストリーミング方式で動作しているので、コマンドラインツールはこの種のデータにも使えます。

一部の API は、OAuth プロトコルでのログインを要求します。ここで役に立つコマンドラインツールが、いわゆる OAuth ダンスを手伝う curlicue (Foster、2014) です。curlicue は、OAuth ダンスをセットアップすると、正しいヘッダーを使って curl を呼び出します。まず、curlicue-setup で特定の API のためにすべてのセット

アップをしてから、curlicue を使って API を呼び出します。たとえば、Twitter API に対して curlicue を使うには、次のようにします。

```
$ curlicue-setup \
> 'https://api.twitter.com/oauth/request_token' \
> 'https://api.twitter.com/oauth/authorize?oauth_token=$oauth_token' \
> 'https://api.twitter.com/oauth/access_token' \
> credentials
$ curlicue -f credentials \
> 'https://api.twitter.com/1/statuses/home_timeline.xml'
```

もっと多くの人が使っている API に対しては、専用のコマンドラインツールがあります。これらは、API に接続するための便利な方法を提供するラッパーです。たとえば、9 章では、BigML の予測 API に接続するコマンドラインツールの bigmler を使います。

3.8 参考文献

- Wikipedia.(2014). List of HTTP status codes. 2014 年 5 月 10 日に http://en.wikipedia.org/wiki/List_of_HTTP_status_codes から取得。

4章
再利用可能な
コマンドラインツールの作り方

　私たちは、本書全体を通じて基本的に1行に収まるようなコマンドやパイプライン（1行プログラムと呼ばれます）をたくさん使っていきます。これらのコマンドは、たった1行で複雑な仕事をこなせるというところが強力です。

　仕事には、1度しかしないものもあれば、何度も実行するものもあります。個別特殊な条件のもとで行われる仕事もあれば、汎用化できる仕事もあります。定期的にある1行プログラムを繰り返し実行しなければならないことに気付いたとき、最初から予想できているときには、1行プログラムを独自のコマンドラインツールにする意味があるでしょう。1行プログラムとコマンドラインツールには、それぞれの役割があります。コマンドラインツール化のチャンスがわかるようになるためには、実践とスキルが必要です。コマンドラインツールの長所は、1行全体を覚えて置く必要がないこと、ほかのパイプラインに組み込んだときに読みやすくなることです。

　プログラミング言語を使うメリットは、ファイル内にコードがあることです。そのため、そのコードは簡単に再利用できます。コードがパラメータを取るものなら、同じようなパターンの別のプログラムにも応用できます。

　コマンドラインツールは、両方の世界のよいところを兼ね備えています。コマンドラインから使うことができ、パラメータを受け付けられ、1度作るだけで済みます。この章では、再利用できるコマンドラインツールの2通りの作り方を説明します。まず、1行プログラムを再利用可能なコマンドラインツールに変身させる方法を説明します。コマンドにパラメータを追加すると、プログラミング言語が提供できるような柔軟性が生まれます。そのあとで、プログラミング言語で書かれたコードから再利用可能なコマンドラインツールを作る方法を実演します。Unixの思想に従っていれば、そのコードは他のコマンドラインツール（まったく別のプログラミング言語で書かれ

たものも含め）と組み合わせて使うことができます。取り上げるプログラミング言語は、PythonとRの2つです。

　長い目で見れば、再利用可能なコマンドラインツールを作っていくと、あなたは有能で多くの仕事を生み出せるデータサイエンティストになっていきます。次第に独自のデータサイエンスツールボックスを築き上げ、そのなかのツールを使って以前見たことのあるものとよく似た新しい問題を解決できるようになります。ただし、1行プログラムや既存コードをコマンドラインツールに変身させるチャンスを見つけられるようになるためには、実践経験が必要になります。

　1行プログラムをシェルスクリプトに変身させるためには、シェルスクリプト操作が必要になります。ここでの説明は、シェルスクリプトの考え方がごく一部でもいかに役に立つかを示すだけに留めます。シェルスクリプトを完全に説明するためには、それだけで1冊の本が必要であり、とても本書では扱い切れません。シェルスクリプトを深く研究してみたい読者には、Robbins、Beebeの『Classic Shell Scripting』[†]をお勧めします。

4.1　概要

この章では、以下のことを学びます。

- 1行プログラムのシェルスクリプトへの書き換え
- 既存のPython、Rコードのコマンドラインへの統合

4.2　1行プログラムのシェルスクリプトへの書き換え

　この節では、1行プログラムを再利用可能なコマンドラインツールにするための方法を説明します。次のような1行プログラムがあったとします。

```
$ curl -s http://www.gutenberg.org/cache/epub/76/pg76.txt |   ❶
> tr '[:upper:]' '[:lower:]' |                                ❷
> grep -oE '\w+' |                                            ❸
> sort |                                                      ❹
> uniq -c |                                                   ❺
> sort -nr |                                                  ❻
> head -n 10                                                  ❼
```

[†] 『Classic Shell Scripting』（O'Reilly、2005年。http://bit.ly/Classic_Shell_Scripting 日本語版は『詳解 シェルスクリプト』2006年、オライリー・ジャパン）

```
6441 and
5082 the
3666 i
3258 a
3022 to
2567 it
2086 t
2044 was
1847 he
1778 of
```

簡単に言えば、出力から推測がついたかもしれませんが、この1行プログラムは電子ブック版の『Adventures of Huckleberry Finn』に含まれる単語のうち、出現頻度の高い上位10個を出力します。プログラムは、次のような仕組みで動作します。

❶ curl を使って電子ブックをダウンロードします。

❷ tr（Meyering、2012）を使ってテキスト全体を小文字に変換します。

❸ grep（Meyering、2012）を使ってすべての単語を抽出し、個々の単語に独立した行を与えます。

❹ sort（Haertel、Eggert、2012）を使って単語をアルファベット順に並べます。

❺ uniq（Stallman、MacKenzie、2012）を使って重複を取り除くとともに、個々の単語が何回現れたかを数えます。

❻ sort を使って、この重複なしの単語リストを出現回数の多い順にソートします。

❼ head を使って上位10行（つまり、10個の単語）だけを表示します。

> この1行プログラムで使われているコマンドラインツールは、どれも man ページを持っています。たとえば grep の詳細を知りたい場合には、コマンドラインで man grep を実行してください。tr、grep、uniq、sort については、次章でもっと詳しく説明します。

この1行プログラムをただ1度だけ実行するのなら、これで問題はありません。しかし、Project Gutenberg のすべての電子ブックについて頻出上位10単語を調べ

たいとしたら、あるいは、1時間ごとにニュースサイトの頻出上位10単語を調べたいとしたらどうでしょうか。そのような場合には、もっと大きな1行プログラムの一部として使える独立したコマンドラインツールにできたらよいのではないでしょうか。パラメータを使ってこの1行プログラムをもう少し柔軟なものにしたいので、これをシェルスクリプトに書き換えましょう。

私たちはシェルとしてBashを使っているので、スクリプトは、Bashのスクリプト言語で書くことにします。そうすると、この1行プログラムからスタートして、少しずつ改良を加えていくことができます。この1行プログラムは、次の6つのステップを通じて再利用可能なコマンドラインツールに進化します。

1. 1行プログラムをファイルにコピーアンドペーストします。
2. ファイルに実行可能属性を与えます。
3. いわゆるshebangを定義します。
4. 固定されている入力を取り除きます。
5. パラメータを追加します。
6. オプションでPATHを拡張します。

4.2.1　ステップ1: コピーアンドペースト

最初のステップは新しいファイルを作ることです。使い慣れたテキストエディタを開いて、1行プログラムをコピーアンドペーストしましょう。ここでは、ファイルにtop-words-1.shという名前を付け（1は、新しいコマンドラインツールに向かう最初のステップだということを表します）、~/book/ch04ディレクトリに格納しますが、別の名前、格納場所を選んでもかまいません。ファイルの内容は、例4-1のようになっているはずです。

例4-1　~/book/ch04/top-words-1.sh

```
curl -s http://www.gutenberg.org/cache/epub/76/pg76.txt |
tr '[:upper:]' '[:lower:]' | grep -oE '\w+' | sort |
uniq -c | sort -nr | head -n 10
```

シェルスクリプトを作ることをはっきりさせるために、.shという拡張子を使っていますが、コマンドラインツールは拡張子を付ける必要はありません。むしろ、拡張子のついているコマンドラインツールはごくまれです。

> ここで、コマンドライン操作の小さなテクニックを紹介しましょう。コマンドラインでは「!!」は、実行したばかりのコマンドに置き換えられます。そこで、前のコマンドを実行するためにはスーパーユーザー特権が必要だということを思い出したら、sudo !! (Miller、2013) を実行すればよいということになります。さらに、コピーアンドペーストをせずに前のコマンドをファイルに保存したければ、echo "!!" > scriptname を実行します。作ったスクリプトを実行する前に、かならずscriptname の内容をチェックしてください。コマンドにクォートが含まれている場合、このコマンドはかならずしも正しく動作しません。

これで、bash (Fox、Ramey、2010) を使ってファイル内のコマンドを解釈、実行できるようになりました。

```
$ bash ~/book/ch04/top-words-1.sh
  6441 and
  5082 the
  3666 i
  3258 a
  3022 to
  2567 it
  2086 t
  2044 was
  1847 he
  1778 of
```

この最初のステップだけで、次に1行プログラムを使いたいときに長いプログラムを入力しなくて済むようになりました。しかし、このファイルは単独で実行できるようになっていないので、まだ本物のコマンドラインツールとはいえません。次のステップでは、その部分を変えましょう。

4.2.2　ステップ2: 実行許可の追加

まだファイルを直接実行できないのは、正しいアクセス許可（パーミッション）が与えられていないからです。特に、ユーザーとしてのあなたがファイルの実行許可を持つ必要があります。この節では、ファイルのアクセス許可を変更します。

> ステップ間での違いを示すために、`cp top-words-{1,2}.sh` でファイルを top-words-2.sh にコピーしています。同じファイルをそのまま使いたい読者はそうしてかまいません。

ファイルのアクセス許可を変更するには、change mode という意味の chmod（MacKenzie、Meyering、2012）というコマンドラインツールを使います。chmod は、指定されたファイルのファイルモードビットを変更します。次のコマンドを実行すると、ユーザーであるあなたに top-words-2.sh の実行許可が与えられます。

```
$ cd ~/book/ch04/
$ chmod u+x top-words-2.sh
```

u+x オプションは、3文字から構成されています。(1) u は、ファイルを所有しているユーザーに対するパーミッションを変更するという意味です。このファイルはあなたが作ったものなので、あなたに対するパーミッションが変更されます。(2) + は、許可を追加したいことを示します。(3) x は、実行（eXecute）許可を表します。それでは、2つのファイルのアクセス許可を見てみましょう。

```
$ ls -l top-words-{1,2}.sh
-rw-rw-r-- 1 vagrant vagrant 145 Jul 20 23:33 top-words-1.sh
-rwxrw-r-- 1 vagrant vagrant 143 Jul 20 23:34 top-words-2.sh
```

最初の欄が、個々のファイルのアクセス許可を示しています。top-words-2.sh のアクセス許可は、-rwxrw-r-- となっています。最初の - は、ファイルのタイプを示します。- が通常のファイルで、d がディレクトリです（ここには該当するものはありません）。次の3文字、rwx は、ファイルのオーナーとなっているユーザーに対するアクセス許可を示します。r と w は、それぞれ読み出し（Read）と書き込み（Write）を表します（ご覧のように、top-words-1.sh は、x ではなく - となっているので、このファイルを実行できないという意味です）。次の3文字の rw- は、ファイルのオーナーグループのメンバー全員に対するアクセス許可を示します。最後の3文字、r-- は、その他すべてのユーザーに対するアクセス許可を示します。これで、次のようにしてファイルを実行できるようになりました。

```
$ ~/book/ch04/top-words-2.sh
  6441 and
  5082 the
  3666 i
  3258 a
  3022 to
  2567 it
  2086 t
  2044 was
  1847 he
  1778 of
```

なお、実行可能ファイルが格納されているディレクトリにいる場合でも、次のようにして実行しなければならないことに注意してください（**./** がポイントです）。

```
$ cd ~/book/ch04
$ ./top-words-2.sh
```

top-words-1.sh のように正しいアクセス許可を持たないファイルを実行しようとすると、次のようなエラーメッセージが表示されます。

```
$ ./top-words-1.sh
bash: ./top-words-1.sh: Permission denied
```

4.2.3　ステップ 3: shebang の定義

すでにファイルを独立して実行できるようになっていますが、ファイルにはいわゆる shebang を追加します。shebang は、システムに対してどの実行可能ファイルを使ってコマンドを解釈するかを指示するスクリプト内の特別な行です。私たちの場合、コマンドの解釈には bash を使います。例 4-2 は、shebang を追加した top-words-3.sh ファイルの内容を示しています。

例 4-2　~/book/ch04/top-words-3.sh

```
#!/usr/bin/env bash
curl -s http://www.gutenberg.org/cache/epub/76/pg76.txt |
tr '[:upper:]' '[:lower:]' | grep -oE '\w+' | sort |
uniq -c | sort -nr | head -n 10
```

shebang という名前は、この行の最初の2文字（"#"と"!"）に由来しています。シャープ (she) と感嘆符 (bang) です。前のステップのように shebang を省略すると、スクリプトの動作が未定義になるのでよくありません。私たちが使っている bash シェルは、デフォルトで /bin/bash を使いますが、ほかのシェルならデフォルトも異なります。

> ときどき、!/usr/bin/bash、!/usr/bin/python（Python の場合、次節参照）のような形式の shebang を持つスクリプトを見かけることがあるでしょう。一般にこれでも動作しますが、bash や python（Python Software Foundation、2014）の実行可能ファイルが /usr/bin 以外の場所にインストールされていたら、スクリプトは動作しなくなってしまいます。env（Mlynarik, MacKenzie, 2012）は bash、python の位置を認識するので、ここで示した !/usr/bin/env bash や !/usr/bin/env python のような形式の方がよいでしょう。つまり、env を使った方がスクリプトの移植性が上がります。

4.2.4　ステップ4: 固定されている入力の除去

これで、コマンドラインから実行できる有効なコマンドラインツールができました。しかし、このスクリプトにはまだ改良の余地があります。私たちのファイルで最初に使われているコマンドは curl です。curl は、出現頻度トップ10 を調べたいテキストファイルをダウンロードします。つまり、ここではデータと操作が1つに癒着しています。

しかし、ほかの電子ブック、あるいはほかのテキストの単語出現頻度トップ10 を調べたいときにはどうすればよいでしょうか。入力データはツール自体のなかで固定されているのです。コマンドラインツールからデータを切り離した方がよくなるでしょう。

コマンドラインツールのユーザーがテキストを提供するものとすれば、より一般的に使えるようになります。そこで、スクリプトから curl コマンドの部分を取り除きました。更新後のスクリプト、named top-words-4.sh は、例4-3 に示す通りとなります。

例4-3　~/book/ch04/top-words-4.sh

```
#!/usr/bin/env bash
tr '[:upper:]' '[:lower:]' | grep -oE '\w+' | sort |
uniq -c | sort -nr | head -n 10
```

4.2　1行プログラムのシェルスクリプトへの書き換え | 59

　これで動作するのは、スクリプトの先頭が tr のように標準入力からのデータを必要とするコマンドなら、スクリプトはコマンドラインツールに与えられた入力を受け付けるからです。電子ブックを data/finn.txt に保存した場合、たとえば次のようにします。

```
$ cat data/ | ./top-words-4.sh
```

> 私たちのスクリプトではまだそうなっていませんが、データの保存にも同じ原則が当てはまります。つまり、一般にデータの保存はユーザーに任せた方がいいということです。もちろん、コマンドラインツールを自分のプロジェクト専用にするつもりなら、使用範囲をいくらでも狭くしてかまいません。

4.2.5　ステップ 5: パラメータ化

　私たちのコマンドラインツールをもっと広く再利用できるようにするためにできることがもう1つあります。それはパラメータ化です。私たちのコマンドラインツールには、固定されたコマンドラインパラメータがいくつも含まれています。たとえば、sort に対する -nr、head に対する -n 10 などがそうです。-nr の方はそのまま固定しておいた方がいいでしょう。しかし、head コマンドには別の値を指定できるようにすればとても役に立ちます。エンドユーザーが出力される単語の数を設定できるようになるのです。例 4-4 は、head をパラメータ化した top-words-5.sh の内容を示しています。

例 4-4　~/book/ch04/top-words-5.sh

```
#!/usr/bin/env bash
NUM_WORDS="$1"                                          ❶
tr '[:upper:]' '[:lower:]' | grep -oE '\w+' | sort |
uniq -c | sort -nr | head -n $NUM_WORDS                 ❷
```

❶　NUM_WORDS 変数に $1 の値をセットしています。$1 は Bash の特殊変数で、コマンドラインツールに渡された最初のコマンドラインパラメータの値を格納しています。

❷　NUM_WORDS 変数の値を使うためには、その前にドル記号（$）を付けなければならないことに注意してください。

> head の -n オプションの値として、NUM_WORDS のような変数をわざわざ作らずに、$1 を直接使うこともできたところですが、もっと大きなスクリプトで $2、$3 のようにもっと多くのコマンドラインパラメータを使う場合には、名前のある変数を使った方がコードが読みやすくなります。

これで、テキストのなかでもっとも頻出する 5 つの単語を見たければ、次のようにコマンドラインツールを実行すればよいということになります。

```
$ cat data/finn.txt | top-words-5.sh 5
```

ユーザーが引数を指定しなければ、$1 の値と NUM_WORDS の値が空文字列になるので、head はエラーメッセージを返してきます。

```
$ cat data/finn.txt | top-words-5.sh
head: option requires an argument -- 'n'
Try 'head --help' for more information.
```

4.2.6　ステップ 6: PATH の拡張

　私たちはついに再利用可能なコマンドラインツールを完成させました。しかし、やっておくと非常に便利になるステップがもう 1 つあります。このオプションステップは、どこからでもコマンドラインツールを実行できるようにするものです。

　現時点では、自分のコマンドラインツールを実行したければ、ツールがあるディレクトリに移動するか、ステップ 2 で示したようにフルパス名で呼び出さなければなりません。そのツールが、たとえば特定のプロジェクト専用に作られているのなら、それでいいでしょう。しかし、別の場面でも使えるようなコマンドラインツールを作った場合には、すでにインストールされているコマンドラインツールと同様に、どこからも簡単に実行できるようにしておくと便利です。

　そのためには、作ったコマンドラインツールをどこで探せばよいかを Bash が知っていなければなりません。そこで、Bash は PATH という環境変数に格納されたディレクトリのリストを使います。Data Science Toolbox をインストールしたばかりの時点では、PATH は次のような内容になっています。

```
$ echo $PATH | fold
/usr/local/sbin:/usr/local/bin:/usr/sbin:/usr/bin:/sbin:/bin:/usr/games:/usr/loc
al/games:/home/vagrant/tools:/usr/lib/go/bin:/home/vagrant/.go/bin:/home/vagrant
/.data-science-at-the-command-line/tools:/home/vagrant/.bin
```

ディレクトリは、コロンで区切られています。ディレクトリリストは次の通りです。

```
$ echo $PATH | tr : '\n' | sort
/bin
/home/vagrant/.bin
/home/vagrant/.data-science-at-the-command-line/tools
/home/vagrant/.go/bin
/home/vagrant/tools
/sbin
/usr/bin
/usr/games
/usr/lib/go/bin
/usr/local/bin
/usr/local/games
/usr/local/sbin
/usr/sbin
```

PATHを永続的に書き換えるためには、ホームディレクトリにある.bashrcか.profileを編集する必要があります。カスタムで作ったすべてのコマンドラインツールをたとえば~/toolsのようなディレクトリにまとめるなら、PATHの変更は1度で済みます。ご覧のように、Data Science ToolboxはすでにPATHのなかに/home/vagrant/.binを持っています。これで、./を付けず、ファイル名だけを指定すればコマンドを実行できるようになります。また、コマンドラインツールがどこにあるのかを覚えておく必要もありません。PATHのなかのコマンドは、whichでどこにあるのかを調べられます。

4.3 PythonとRによるコマンドラインツールの作り方

前節で作ったコマンドラインツールは、Bashで書かれていました（確かに、Bash言語のすべての機能を使ったわけではありませんが、それでもインタープリタがbashだということに変わりはありません）。ここまででもうわかったかもしれませんが、コマンドラインは言語を選ばないので、コマンドラインツールを作るためにBashを使わなければならないわけではありません。

この節では、ほかのプログラミング言語でもコマンドラインツールを作れるところをお見せしましょう。データサイエンスコミュニティで今もっともよく使われているプログラミング言語はPythonとRなので、私たちもこの2つだけを取り上げることにします。もちろん、これらの言語の完全な解説は本書のなかではとてもできない

ので、読者がすでに Python や R を少し知っていることを前提として話を進めます。Java、Go、Julia などのプログラミング言語も、コマンドラインツールを作るというときには同じようなパターンに従います。

　Bash ではなくプログラミング言語を使ってコマンドラインツールを作る理由は大きく 3 つあります。まず第 1 は、コマンドラインから使えるようにしたいと思っている既存のコードがある場合、第 2 は、100 行以上のコードが必要になりそうな場合、第 3 は、非常に高速にしなければならない場合です。

　前節の 6 ステップは、ほかのプログラミング言語でコマンドラインツールを作るときにもおおよそ当てはまります。ただし、コマンドラインをコピーアンドペーストするという第 1 ステップは、関連コードを新しいファイルにコピーアンドペーストするという内容に変わります。また、Python や R で書かれたコマンドラインツールは、shebang のあとのインタープリタとして、それぞれ python (Python Software Foundation、2014)、Rscript (R Foundation for Statistical Computing、2014) を指定しなければなりません。

　Python や R ででコマンドラインツールを作るときには、このほかに 2 つの点に特に注意する必要があります。まず第 1 は、標準入力の処理です。シェルスクリプトにはごく自然に標準入力が送られてきますが、Python や R では明示的に標準入力を処理しなければなりません。第 2 は、Python や R で書かれたコマンドラインツールは複雑になりがちなので、より複雑なコマンドラインパラメータを指定できるようにすべきだということです。

4.3.1　シェルスクリプトの移植

　出発点として、先ほどのシェルスクリプトを Python と R の両方に移植する方法を考えましょう。Python や R は、標準入力の最頻出単語を返すに当たって何を与えてくれるのでしょうか。ここで大切なのは、この仕事をシェルプログラミング言語以外の手段で実装するのがいいか悪いかではありません。こうすると、Bash と Python や R を比較するチャンスが得られるということが大切なのです。

　まず、top-words.py と top-words.R の 2 つのファイルを見てから、シェルコードとの違いを考えていきましょう。Python では、必要なコードは例 4-5 のようなものになるでしょう。

例 4-5 ~/book/ch04/top-words.py

```python
#!/usr/bin/env python
import re
import sys
from collections import Counter
num_words = int(sys.argv[1])
text = sys.stdin.read().lower()
words = re.split('\W+', text)
cnt = Counter(words)
for word, count in cnt.most_common(num_words):
    print "%7d %s" % (count, word)
```

> 例 4-5 は、純粋 Python を使っています。高度なテキスト処理をしたいときには、NLTK パッケージ（Perkins、2010）を使うことを是非検討してください。大量の数値データを操作するときには、Pandas パッケージ（McKinney、2012）を使うことをお勧めします。

R では、必要なコードは例 4-6 のようなものになるでしょう（Hadley Wickham に感謝）。

例 4-6 ~/book/ch04/top-words.R

```r
#!/usr/bin/env Rscript
n <- as.integer(commandArgs(trailingOnly = TRUE))
f <- file("stdin")
lines <- readLines(f)
words <- tolower(unlist(strsplit(lines, "\\W+")))
counts <- sort(table(words), decreasing = TRUE)
counts_n <- counts[1:n]
cat(sprintf("%7d %s\n", counts_n, names(counts_n)), sep = "")
close(f)
```

では、3つの実装（Bash、Python、R）がどれもトップ 5 の単語について同じ数を返してくることをチェックしましょう。

```
$ < data/76.txt ./top-words-5.sh 5
   6441 and
   5082 the
   3666 i
   3258 a
```

```
            3022 to
$ < data/76.txt ./top-words.py 5
      6441 and
      5082 the
      3666 i
      3258 a
      3022 to
$ < data/76.txt ./top-words.R 5
      6441 and
      5082 the
      3666 i
      3258 a
      3022 to
```

　素晴らしい！　たしかに、出力自体はとてもすごいと思うようなものではありません。すばらしいというのは、さまざまなアプローチで同じ仕事をこなせることです。それでは、アプローチ間の違いを見ていきましょう。

　まず、すぐにわかるのは、コードの量です。この特定の仕事のために、Python や R は Bash よりもかなり多くのコードを必要とします。そのため、仕事によっては、シェルスクリプトを使った方が効率的です。それ以外の仕事では、プログラミング言語を使った方がいいかもしれません。コマンドラインの経験をもっと積むと、いつどのアプローチを使うべきかがわかってきます。あらゆるものがコマンドラインツールなので、仕事（タスク）をサブタスクに分割し、たとえば、Bash コマンドラインツールと Python コマンドラインツールを組み合わせるのも 1 つの手です。

4.3.2　標準入力からのストリーミングデータの処理

　前の 2 つのコード例では、Python、R のどちらのプログラムも標準入力全体を 1 度に読み込んでいました。しかし、パイプを使うとき、ほとんどのコマンドラインツールは、ストリーミングによって次のコマンドラインツールにデータを送ります（ただし、sort、awk（Brennan, 1994）のように、標準出力にデータを出力する前に入力をすべて読み込まなければならないコマンドラインツールもあります）。標準入力全体を 1 度に読もうとするツールがあると、パイプラインはそのツールによってブロックされてしまいます。入力データがファイルのように有限なら、これが問題になることはありませんが、入力データが止まらないストリームなら、ブロックを起こすコマンドラインツールは使いものになりません。

　幸い、Python、R は、ともにストリーミングで送られてくるデータを処理できま

す。たとえば、行単位で関数を適用することができます。例 4-7 と例 4-8 は、それぞれ Python と R でこれがどのようなコードになるのかを示す必要最小限のコードです。これらは、パイプを介して送られてくる整数の自乗を計算します。

例 4-7　~/book/ch04/stream.py eeeee

```
#!/usr/bin/env python
from sys import stdin, stdout
while True:
        line = stdin.readline()
        if not line:
                break
stdout.write("%d\n" % int(line)**2)
stdout.flush()
```

例 4-8　~/book/ch04/stream.R

```
#!/usr/bin/env Rscript
f <- file("stdin")
open(f)
while(length(line <- readLines(f, n = 1)) > 0) {
                write(as.integer(line)^2, stdout())
}
close(f)
/}
```

4.4　参考文献

- Docopt.（2014）. Command-Line Interface Description Language. http://docopt.org. から取得。

- Peek, J., Powers, S., O'Reilly, T., & Loukides, M.（2002）. Unix Power Tools (3rd Ed.、http://bit.ly/Unix_Power_Tools_3e）. O'Reilly Media.

- Wirzenius, L.（2013）. Writing Manual Pages. http://liw.fi/manpages/ から取得。

- Raymond, E. S.（2014）. Basics of the Unix Philosophy. http://www.faqs.org/docs/artu/ch01s06.html から取得。

5章
データのクレンジング

2章では、データサイエンスの OSEMN モデルで最初のステップとなるさまざまなソースからのデータの獲得方法を説明しました。このようにして取り出してきたデータは、欠損値、不整合、エラー、奇妙な文字、不要な列などを含んでいることが少なくありません。データの特定の部分だけが必要という場合もありますし、別の形式のデータが必要な場合もあります。そのようなときには、第3ステップであるデータの精査に移る前に、データをクレンジングしなければなりません。

私たちが3章で獲得したデータは、さまざまな形式になっているはずです。もっとも一般的なのは、プレーンテキスト、CSV、JSON、HTML/XMLです。ほとんどのコマンドラインツールは単一の形式だけを相手にするので、データを別の形式に変換することには意味があります。

CSVは、この章で操作するメインの形式ですが、実際にはもっとも簡単に操作できる形式だとは言えません。XMLやJSONとは異なり、標準構文がないため、多くのCSVデータセットは相互に互換性がないのです。

データが求める形式になったら、フィルタリング、置換、マージの一般的なクレンジング操作を実行できます。コマンドラインは、この種の操作には特に適しています。コマンドラインには、大量のデータを処理できるように最適化された強力なツールが多数あるのです。この章で取り上げるツールは、cut (Ihnat、MacKenzie、Meyering、2012)、sed (Fenlason、Lord、Pizzini、Bonzini、2012) といった古典的なものから、jq (Dolan、2014) や csvgrep (Groskopf、2014) といった新しいものまでさまざまです。

この章で取り上げるデータクレンジングは、入力データだけを対象とするものではありません。ときには、コマンドラインツールの出力を整形し直さなければならない

場合があります。たとえば、`uniq -c`の出力を CSV データセットに変換するときには、`awk`（Brennan、1994）と `header` が使えます。

```
$ echo 'foo\nbar\nfoo' | sort | uniq -c | sort -nr
  2 foo
  1 bar
$ echo 'foo\nbar\nfoo' | sort | uniq -c | sort -nr |
> awk '{print $2","$1}' | header -a value,count
value,count
foo,2
bar,1
```

これらのコマンドラインツール（の組み合わせ）によって得られるものとは異なる機能が必要なら、`csvsql` があります。このコマンドラインツールは、CSV ファイルに対して直接 SQL クエリーを発行できます。そして、この章を読み終わったあとでまださらに柔軟性が必要だと思うなら、R、Python、その他使いたいプログラミング言語でコードを書くという方法が残されています。

この章では、コマンドラインツールを必要に基づいて紹介していきます。同じコマンドラインツールが他の操作に使えたり、逆に複数のコマンドラインで同じ操作を実行できたりすることがありますが、この章はコマンドラインツール自体よりも問題やレシピに重点を置くクックブック風の構造になっています。

5.1 概要

この章では、以下のことを学びます。

- データ形式の変換

- CSV への SQL クエリーの実行

- 行のフィルタリング

- 値の抽出と置換

- 列の分割、マージ（結合）、抽出

5.2　プレーンテキストに対する一般的なクレンジング

　この節では、プレーンテキストでよく使われているクレンジング処理を見ていきます。プレーンテキストとは、公式には可読文字と、オプションで特定の制御文字（たとえば、タブ、改行。詳細は http://www.linfo.org/plain_text.html を参照）の連なりのことです。例えば、電子ブック、電子メール、ログファイル、ソースコードなどが含まれます。

　しかし、本書では、プレーンテキストとは何らかのデータを含み、明確な表構造（CSV 形式のような）や入れ子構造（JSON、HTML/XML 形式のような）を持たないものとします。構造を持つ形式についてはあとで説明します。これらの処理はCSV、JSON、HTML/XML 形式のデータにも使えますが、ツールがデータをプレーンテキストとして扱っていることを頭に入れておいてください。

5.2.1　行のフィルタリング

　最初のクレンジング処理は、行のフィルタリングです。つまり、入力データの各行を出力に渡すかどうかを評価する処理です。

位置に基づくフィルタリング

　行のフィルタリングでもっとも単純なのは、位置に基づくフィルタリングです。たとえば、ファイルの先頭 10 行を調べたいときや、ほかのコマンドラインツールが出力した特定の行を抽出したいときに役立ちます。位置に基づくフィルタリングを具体的に見てみるために、まず、10 行から構成されるダミーファイルを作りましょう。

```
$ cd ~/book/ch05/data
$ seq -f "Line %g" 10 | tee lines
Line 1
Line 2
Line 3
Line 4
Line 5
Line 6
Line 7
Line 8
Line 9
Line 10
```

　先頭 3 行は、head、sed、awk のどれかを使って出力できます。

```
$ < lines head -n 3
$ < lines sed -n '1,3p'
$ < lines awk 'NR<=3'
Line 1
Line 2
Line 3
```

同様に、最後の3行は、tail (Rubin、MacKenzie、Taylor、Meyering、2012) を使えば出力できます。

```
$ < lines tail -n 3
Line 8
Line 9
Line 10
```

この目的でも sed、awk を使うことはできますが、tail の方がはるかに高速です。先頭3行を取り除くには、次のようにします。

```
$ < lines tail -n +4
$ < lines sed '1,3d'
$ < lines sed -n '1,3!p'
Line 4
Line 5
Line 6
Line 7
Line 8
Line 9
Line 10
```

tail では3に1を加えなければならないことに注意してください。末尾3行の削除には、head が使えます。

```
$ < lines head -n -3
Line 1
Line 2
Line 3
Line 4
Line 5
Line 6
Line 7
```

5.2 プレーンテキストに対する一般的なクレンジング

特定の行（この場合は、4、5、6行）の抽出は、sed、awk でもできますし、head と tail の組み合わせでもできます。

```
$ < lines sed -n '4,6p'
$ < lines awk '(NR>=4)&&(NR<=6)'
$ < lines head -n 6 | tail -n 3
Line 4
Line 5
Line 6
```

奇数行の出力は、先頭行と間隔を指定した sed や剰余演算子を使った awk で実現できます。

```
$ < lines sed -n '1~2p'
$ < lines awk 'NR%2'
Line 1
Line 3
Line 5
Line 7
Line 9
```

偶数行も同様です。

```
$ < lines sed -n '0~2p'
$ < lines awk '(NR+1)%2'
Line 2
Line 4
Line 6
Line 8
Line 10
```

パターンに基づくフィルタリング

内容に基づいて行を抽出するか削除するかを決めたい場合もあります。行のフィルタリングでは標準的なコマンドラインツールである grep を使えば、特定のパターン、正規表現にマッチする行だけを表示できます。たとえば、『Alice's Adventures in Wonderland（不思議の国のアリス）』からすべての章見出しを抽出するには、次のようにします。

```
$ grep -i chapter alice.txt
CHAPTER I. Down the Rabbit-Hole
CHAPTER II. The Pool of Tears
CHAPTER III. A Caucus-Race and a Long Tale
CHAPTER IV. The Rabbit Sends in a Little Bill
CHAPTER V. Advice from a Caterpillar
CHAPTER VI. Pig and Pepper
CHAPTER VII. A Mad Tea-Party
CHAPTER VIII. The Queen's Croquet-Ground
CHAPTER IX. The Mock Turtle's Story
CHAPTER X. The Lobster Quadrille
CHAPTER XI. Who Stole the Tarts?
CHAPTER XII. Alice's Evidence
```

-i は大文字と小文字を区別しないという意味です。正規表現を指定することもできます。たとえば、先頭が「The」になっている章見出しだけを表示したい場合は、次のようにします。

```
$ grep -E '^CHAPTER (.*)\. The' alice.txt
CHAPTER II. The Pool of Tears
CHAPTER IV. The Rabbit Sends in a Little Bill
CHAPTER VIII. The Queen's Croquet-Ground
CHAPTER IX. The Mock Turtle's Story
CHAPTER X. The Lobster Quadrille
```

正規表現を有効にするには、-E オプションを指定しなければならないことに注意してください。そうでなければ、grep はパターンをリテラル文字列として扱います。

ランダムサンプリング

データパイプラインを作っている過程で大量のデータがあるときには、パイプラインのデバッグは非常に手間のかかるものになり得ます。そのような場合、データのサンプリングが役に立つことがあります。sample（Janssens、2014）の主要な目的は、行単位で見て、入力の一定の割合の部分だけを出力して、データのサブセットを作ることにあります。

```
$ seq 1000 | sample -r 1% | jq -c '{line: .}'
{"line":53}
{"line":119}
{"line":141}
```

```
{"line":228}
{"line":464}
{"line":476}
{"line":523}
{"line":657}
{"line":675}
{"line":865}
{"line":948}
```

ここで、すべての入力行は、jq に転送される可能性が 1% ずつあります。この割合は、分数（`1/100`）や確率（`0.01`）で指定することもできます。

sample は、ほかに 2 つの目的を持っており、デバッグ中にはこれらが役に立つことがあります。第 1 に、出力にディレイを追加することができます。入力が絶え間ないストリームになっている場合（たとえば、Twitter の firehose[†]）やデータが届く勢いが激しすぎて何が起きているのかがわからないようなときには、これが役に立ちます。第 2 に、sample にタイマを設定できます。これを使えば、マニュアルで実行中の処理を強制終了しなくて済むようになります。先ほどのコマンドで、各行の出力に 1 秒のディレイを入れ、5 秒で実行を終了させるには、次のようにします。

```
$ seq 10000 | sample -r 1% -d 1000 -s 5 | jq -c '{line: .}'
```

不要な計算をさせないためには、パイプラインのできる限り早い段階で sample を入れるようにしましょう（この考え方は、head、tail など、データを削減するあらゆるコマンドラインツールにも当てはまります）。デバッグが終了したら、パイプラインから sample を取り除くだけです。

5.2.2 値の抽出

先ほどのサンプルで章見出しだけを抽出するには、grep の出力をパイプで cut に渡すと簡単です。

```
$ grep -i chapter alice.txt | cut -d' ' -f3-
Down the Rabbit-Hole
The Pool of Tears
A Caucus-Race and a Long Tale
The Rabbit Sends in a Little Bill
Advice from a Caterpillar
```

[†] 監訳注：Twitter の firehose については、https://dev.twitter.com/streaming/firehose を参照。

```
Pig and Pepper
A Mad Tea-Party
The Queen's Croquet-Ground
The Mock Turtle's Story
The Lobster Quadrille
Who Stole the Tarts?
Alice's Evidence
```

ここで、cut に渡される各行は、スペースでフィールドに分割され、第3フィールドから最後のフィールドまでが出力されます。フィールド数は、入力行によって変わってかまいません。同じ効果を得るために sed を使うと、かなり複雑になってしまいます。

```
$ sed -rn 's/^CHAPTER ([IVXLCDM]{1,})\. (.*)$/\2/p' alice.txt > /dev/null
```

（出力は同じなので、/dev/null にリダイレクトして捨てています）この方法は、正規表現と後方参照を使っています。また、sed は grep の仕事も肩代わりしています。この複雑なアプローチは、単純な方法ではうまくいかないときにだけ使うようにすべきです。たとえば、「chapter」が新しい章の先頭を示すために使われているだけでなく、テキスト自体の一部になっている場合です。もちろん、この問題は、さまざまな複雑度の方法で解決できますが、これは極端に厳格なアプローチとして示しておきました。実際の仕事では、複雑度と柔軟性のバランスが取れた方法を見つけることがポイントとなります。cut は、文字の位置で行を分割することもできます。各入力行から同じ文字数の塊を抽出（または削除）したいときにはこれが役立ちます。

```
$ grep -i chapter alice.txt | cut -c 9-
I. Down the Rabbit-Hole
II. The Pool of Tears
III. A Caucus-Race and a Long Tale
IV. The Rabbit Sends in a Little Bill
V. Advice from a Caterpillar
VI. Pig and Pepper
VII. A Mad Tea-Party
VIII. The Queen's Croquet-Ground
IX. The Mock Turtle's Story
X. The Lobster Quadrille
XI. Who Stole the Tarts?
XII. Alice's Evidence
```

5.2 プレーンテキストに対する一般的なクレンジング

grepには、マッチしたすべてのものを別々の行に出力するというすばらしい機能があります。

```
$ < alice.txt grep -oE '\w{2,}' | head
Project
Gutenberg
Alice
Adventures
in
Wonderland
by
Lewis
Carroll
This
```

では、「a」で始まり「e」で終わるすべての単語のデータセットを作りたい場合にはどうすればよいでしょうか。もちろん、そのために使えるパイプラインがあります。

```
$ < alice.txt tr '[:upper:]' '[:lower:]' | grep -oE '\w{2,}' |
> grep -E '^a.*e$' | sort | uniq -c | sort -nr |
> awk '{print $2","$1}' | header -a word,count | head | csvlook
|--------------+--------|
| word         | count  |
|--------------+--------|
| alice        | 403    |
| are          | 73     |
| archive      | 13     |
| agree        | 11     |
| anyone       | 5      |
| alone        | 5      |
| age          | 4      |
| applicable   | 3      |
| anywhere     | 3      |
| alive        | 3      |
|--------------+--------|
```

5.2.3 値の置換、削除

変換（translate）に由来するtrというコマンドラインツールを使えば、特定の文字を置き換えることができます。たとえば、次のようにすれば、スペースをアンダースコアに置き換えられます。

```
$ echo 'hello world!' | tr ' ' '_'
hello_world!
```

複数の文字を置換したい場合には、それをまとめて指定することができます。

```
$ echo 'hello world!' | tr ' !' '_?'
hello_world?
```

-d オプションを指定すれば、特定の文字を削除することもできます。

```
$ echo 'hello world!' | tr -d -c '[a-z]'
helloworld
```

ここでは、さらに2つの機能を使っています。まず、文字の集合を指定しています（すべての小文字）。第2に、-c オプションを使って補集合を使うように指定しています。つまり、このコマンドは、小文字だけを残すのです。テキストを大文字に変換するのにも、tr を使うことが出来ます。

```
$ echo 'hello world!' | tr '[a-z]' '[A-Z]'
HELLO WORLD!
$ echo 'hello world!' | tr '[:lower:]' '[:upper:]'
HELLO WORLD!
```

ASCII 以外の文字も処理できるので、後者のコマンドの方がよいでしょう。特定の文字を操作する以上のことが必要なら、sed が役に立ちます。sed は、『Alice in Wonderland』から章見出しを抽出するために使ったコマンドです。実は、sed では抽出、削除、置換はどれも同じ処理です。指定する正規表現が違うというだけのことなのです。たとえば、単語を書き換え、重複するスペースを取り除き、先頭のスペースを削除するには、次のようにします。

```
$ echo ' hello world!' | sed -re 's/hello/bye/;s/\s+/ /g;s/\s+//'
bye world!
```

g フラグは、global の略で、同じ行に繰り返し同じ正規表現を適用するという意味になります。先頭のスペースを削除する第3の部分では g は不要です。第1、第3の正規表現は、1つの正規表現にまとめられることに注意してください。

5.3 CSVの操作

5.3.1 本体、ヘッダー、列

　プレーンテキストのクレンジングのために使ってきた tr や grep などのコマンドラインツールは、CSV の処理にはかならずしも使えるとは限りません。というのも、これらのツールには、ヘッダー、本体、列という概念がないからです。grep で行をフィルタリングするものの、ヘッダーはかならず出力したい場合にはどうすればよいでしょうか。あるいは、tr を使って特定の列の値だけを大文字に変換し、ほかの列には手を付けないでおくにはどうすればよいでしょうか。方法はありますが、何段階もの手順を必要とし、とても煩雑になってしまいます。CSV の処理にはもっとよい方法があります。CSV で通常のコマンドラインツールを活用するために使える 3 つのコマンドラインツールを紹介しましょう。これらは、body (Janssens, 2014)、header (Janssens, 2014)、cols (Janssens, 2014) という見事なまでに適切な名前を付けられています。

　それでは、body から見ていきましょう。body を使えば、CSV ファイルの本体（ヘッダー以外の部分）をコマンドラインツールで処理できます。たとえば、次のコマンドラインを見てください。

```
$ echo -e "value\n7\n2\n5\n3" | body sort -n
value
2
3
5
7
```

　body は、CSV ファイルのヘッダが 1 行だけだということを前提としています。ソースコードを見ておきましょう。

```
#!/usr/bin/env bash
IFS= read -r header        ❶
printf '%s\n' "$header"    ❷
$@                         ❸
```

　このコードは、次のような仕組みで動作します。

❶ 標準入力から1行を読み出し、$headerと言う名前の変数に格納します。

❷ ヘッダーを出力します。

❸ 残りのデータに対してbodyに渡されたコマンドラインパラメータを実行します。

もう1つ別の例を見てみましょう。次のCSVファイルの行を数えたいものとします。

```
$ seq 5 | header -a count
count
1
2
3
4
5
```

wc -lを使えば、すべての行の数を計算できます。

```
$ seq 5 | header -a count | wc -l
6
```

しかし、本体の行数だけ（つまり、ヘッダー以外の行数）を数えたい場合には、単純にbodyを追加します。

```
$ seq 5 | header -a count | body wc -l
count
5
```

ヘッダーが数に入らない一方で、出力には含まれていることに注意してください。2つめのコマンドラインツール、headerは、名前からもわかるように、CSVファイルのヘッダーを操作します。ソースコードは、次の通りです。

```
#!/usr/bin/env bash
get_header () {
    for i in $(seq $NUMROWS); do
        IFS= read -r LINE
        OLDHEADER="${OLDHEADER}${LINE}\n"
    done
}
```

5.3 CSVの操作

```
print_header () {
        echo -ne "$1"
}
print_body () {
        cat
}

OLDHEADER=
NUMROWS=1

while getopts "dn:ha:r:e:" OPTION
do
        case $OPTION in
                n)
                        NUMROWS=$OPTARG
                        ;;
                a)
                        print_header "$OPTARG\n"
                        print_body
                        exit 1
                        ;;
                d)
                        get_header
                        print_body
                        exit 1
                        ;;
                r)
                        get_header
                        print_header "$OPTARG\n"
                        print_body
                        exit 1
                        ;;
                e)
                        get_header
                        print_header "$(echo -ne $OLDHEADER | eval $OPTARG)\n"
                        print_body
                        exit 1
                        ;;
                h)
                        usage
                        exit 1
                        ;;
```

```
        esac
    done

    get_header
    print_header $OLDHEADER
```

パラメータを渡さなければ、CSVファイルのヘッダーが表示されます。

```
$ < tips.csv header
bill,tip,sex,smoker,day,time,size
```

これは、`head -n 1`と同じです。ヘッダーが2行以上になっている場合には（これは推奨できないことですが）、`-n 2`を指定します。また、CSVファイルにヘッダーを追加することもできます。

```
$ seq 5 | header -a count
count
1
2
3
4
5
```

これは、`echo "count" | cat - <(seq 5)`と同じです。ヘッダーの削除は、`-d`オプションで行います。

```
$ < iris.csv header -d | head
5.1,3.5,1.4,0.2,Iris-setosa
4.9,3.0,1.4,0.2,Iris-setosa
4.7,3.2,1.3,0.2,Iris-setosa
4.6,3.1,1.5,0.2,Iris-setosa
5.0,3.6,1.4,0.2,Iris-setosa
5.4,3.9,1.7,0.4,Iris-setosa
4.6,3.4,1.4,0.3,Iris-setosa
5.0,3.4,1.5,0.2,Iris-setosa
4.4,2.9,1.4,0.2,Iris-setosa
4.9,3.1,1.5,0.1,Iris-setosa
```

これは、`tail -n +2`と同じ動作ですが、こちらの方が少し覚えやすいはずです。ヘッダーの置換は、先ほどのソースコードからもわかるように、基本的にヘッダーを削除

5.3 CSVの操作

してから新しいヘッダーを追加することであり、-r オプションで実行します。

```
$ seq 5 | header -a line | body wc -l | header -r count
count
5
```

そして、body ツールが本体部に対して行うように、ヘッダーだけにコマンドを実行することもできます。

```
$ seq 5 | header -a line | header -e "tr '[a-z]' '[A-Z]'"
LINE
1
2
3
4
5
```

3つめのコマンドラインツール、cols は、一部の列だけにコマンドを実行するという点で header、body とよく似ています。ソースコードは、次の通りです。

```
#!/usr/bin/env bash
ARG="$1"
shift
COLUMNS="$1"
shift
EXPR="$@"
DIRTMP=$(mktemp -d)
mkfifo $DIRTMP/other_columns
tee $DIRTMP/other_columns | csvcut $ARG $COLUMNS | ${EXPR} |
paste -d, - <(csvcut ${ARG~~} $COLUMNS $DIRTMP/other_columns)
rm -rf $DIRTMP
```

たとえば、tips.csv データセットの day 列の値だけを大文字にしたい場合 (ヘッダーとほかの列には影響を与えずに)、body と組み合わせて cols を次のように使います。

```
$ < tips.csv cols -c day body "tr '[a-z]' '[A-Z]'" | head -n 5 | csvlook
|------+-------+------+--------+--------+--------+-------|
| day  | bill  | tip  | sex    | smoker | time   | size  |
|------+-------+------+--------+--------+--------+-------|
| SUN  | 16.99 | 1.01 | Female | No     | Dinner | 2     |
| SUN  | 10.34 | 1.66 | Male   | No     | Dinner | 3     |
```

```
| SUN   | 21.01 | 3.5   | Male   | No    | Dinner | 3 |
| SUN   | 23.68 | 3.31  | Male   | No    | Dinner | 2 |
|-------+-------+-------+--------+-------+--------+---|
```

header -e、body、cols に対するコマンドとして複数のコマンドラインツールとパラメータを渡すと、クォートが複雑になることがあります。それが問題になるときには、別個のコマンドラインツールを作り、それをコマンドとして渡すとよいでしょう。

まとめると、一般に CSV データ専用に作られたコマンドラインツールを使うのが望ましいのですが、body、header、cols を使うことで、必要なときには CSV に古くからのコマンドラインツールを使うこともできるということです。

5.3.2　CSV に対する SQL クエリー

この章で触れてきたコマンドラインツールでは十分な柔軟性が得られない場合、コマンドラインを使ったデータクレンジングには別のアプローチがあります。csvsql（Groskopf、2014）を使えば、CSV ファイルに対して直接 SQL クエリーを実行できるのです。ご存知のように、SQL はデータクレンジングのための処理を定義できる非常に強力な言語です。そして、個別のコマンドラインツールを使うのとはかなり異なる方法でもあります。

> あなたのデータがもともとリレーショナルデータベースから取り出したものなら、そのデータベースに対して SQL クエリーを実行してから、データを CSV に抽出するように努力してください。第 3 章で説明したように、この方法では sql2csv ツールが使えます。先にデータベースから CSV ファイルにデータをエクスポートしてから SQL を使うのでは、処理速度が遅いばかりでなく、CSV データからでは列のタイプが正しく推測できない危険性があります。

あとで csvsql を使ったデータクレンジングの例をいくつもお見せしますが、基本コマンドの例は次の通りです。

```
$ seq 5 | header -a value | csvsql --query "SELECT SUM(value) AS sum FROM stdin"
sum
15
```

標準入力を csvsql に渡すと、表は stdin という名前になります。列のタイプは、データから自動的に推測されます。後述のように、CSV ファイルセクションの結合では、複数の CSV ファイルを指定することもできます。csvsql は SQLite 方言を使っ

ていることに注意してください。SQLは一般にほかの方法よりも冗長になりますが、それらと比べてはるかに柔軟でもあります。SQLを使ったデータクレンジングの方法をすでにご存知なら、コマンドラインからもそれを使ってまったく問題ありません。

5.4　HTML/XMLとJSONの操作

3章でも説明したように、獲得したデータはさまざまな形式になっています。そのなかでもっとも一般的なのは、プレーンテキスト、CSV、JSON、HTML/XMLです。この節では、データ形式を変換できるコマンドラインツールをいくつか紹介します。データ変換をする理由は2つあります。

まず、データベースの表やスプレッドシートのように、データを表形式にしなければならないことがよくあります。多くの可視化、機械学習アルゴリズムは、データが表形式になっていることを前提としているのです。CSVは、本質的に表形式ですが、JSONとHTML/XMLは深くネストされた構造を持つことがあります。

第2に、多くのコマンドラインツール、特にcut、grepなどの長い歴史を持つものは、プレーンテキストを対象として動作します。これは、コマンドラインツールの間では、テキストが普遍的なインターフェイスと考えられているからです。さらに、ほかの形式は単純にプレーンテキストよりも歴史がありません。これらの形式は、それぞれプレーンテキストとして扱うことができます。そのため、これらの形式のデータにも、古いコマンドラインツールを使うことができます。

構造化データに古いツールを使える場合はときどきあります。たとえば、JSONデータをプレーンテキストとして扱うと、sedを使って属性を「gender」から「sex」に変更できます。

```
$ sed -e 's/"gender":/"sex":/g' data/users.json | fold | head -n 3
{"results":[{"user":{"sex":"female","name":{"title":"mrs","first":"kaylee","last
":"anderson"},"location":{"street":"1779 washington ave","city":"cupertino","sta
te":"michigan","zip":"13391"},"email":"kaylee.anderson64@example.com","password"
```

しかし、sedは、ほかのコマンドラインツールの多くと同様に、データの構造を利用しません。そのため、データの構造を利用するコマンドラインツール（jqなど）を使ったり、最初にデータをCSVなどの表形式に変換してから適切なコマンドラインツールを使ったりする方がよいでしょう。

ここでは、現実のユースケースを通じてHTML/XMLとJSONをCSVに変換す

る方法をお見せします。ここで使うコマンドラインツールは、scrape (Janssens、2014)、xml2json (Parmentier、2014)、jq (Dolan、2014)、json2csv (Czebotar、2014) です。

Wikipediaは情報の宝庫です。情報の多くは表形式になっており、そのような情報はデータセットと見なすことができます。たとえば、http://en.wikipedia.org/wiki/List_of_countries_and_territories_by_border/area_ratio には、国や地域とその境界線の長さ、面積、両者の比率をまとめたリストが含まれています。このデータセットを分析してみたいと思ったとしましょう。この節では、必要なステップと対応するコマンドを1つひとつ説明していきます。

私たちが関心を持っているデータはHTMLのなかに埋め込まれています。私たちの目標は、このデータセットから操作できる表現を得ることです。最初のステップは、curlを使ってHTMLをダウンロードすることです。

```
$ curl -sL 'http://en.wikipedia.org/wiki/List_of_countries_and_territories_'\
> 'by_border/area_ratio' > wiki.html
```

-sオプションを指定すると、curlはサイレントモードになり、実際のHTML以外の情報を出力しなくなります。HTMLは、data/wiki.htmlというファイルに保存されています。最初の10行を見てみましょう。

```
$ head -n 10 data/wiki.html | cut -c1-79
<!DOCTYPE html>
<html lang="en" dir="ltr" class="client-nojs">
<head>
<meta charset="UTF-8" /><title>List of countries and territories by border/area
<meta http-equiv="X-UA-Compatible" content="IE=EDGE" /><meta name="generator" c
<link rel="alternate" type="application/x-wiki" title="Edit this page" href="/w
<link rel="edit" title="Edit this page" href="/w/index.php?title=List_of_countr
<link rel="apple-touch-icon" href="//bits.wikimedia.org/apple-touch/wikipedia.p
<link rel="shortcut icon" href="//bits.wikimedia.org/favicon/wikipedia.ico" />
<link rel="search" type="application/opensearchdescription+xml" href="/w/opense
```

秩序正しいデータになっているようです（なお、出力をページ内に収めるために、ここで示したのは各行の先頭79字だけです）。

ブラウザのデベロッパツールを使うと、ここで興味のある部分のルートHTML要素は、wikitableクラスを持つ<table>要素です。そのため、grepを使えば、関心の

ある部分だけを見ることができます(下の **-A** オプションは、マッチした行のあとにさらに表示する行数を指定しています)。

```
$ < wiki.html grep wikitable -A 21
<table class="wikitable sortable">
<tr>
<th>Rank</th>
<th>Country or territory</th>
<th>Total length of land borders (km)</th>
<th>Total surface area (km²)</th>
<th>Border/area ratio (km/km²)</th>
</tr>
<tr>
<td>1</td>
<td>Vatican City</td>
<td>3.2</td>
<td>0.44</td>
<td>7.2727273</td>
</tr>
<tr>
<td>2</td>
<td>Monaco</td>
<td>4.4</td>
<td>2</td>
<td>2.2000000</td>
</tr>
```

次は、HTML ファイルから必要な要素を抽出します。ここでは **scrape** ツールを使います。

```
$ < wiki.html scrape -b -e 'table.wikitable > tr:not(:first-child)' \
> > table.html
$ head -n 21 data/table.html
<!DOCTYPE html>
<html>
<body>
<tr><td>1</td>
<td>Vatican City</td>
<td>3.2</td>
<td>0.44</td>
<td>7.2727273</td>
</tr>
```

```
<tr><td>2</td>
<td>Monaco</td>
<td>4.4</td>
<td>2</td>
<td>2.2000000</td>
</tr>
<tr><td>3</td>
<td>San Marino</td>
<td>39</td>
<td>61</td>
<td>0.6393443</td>
</tr>
```

　式（expression）を表す -e オプションに渡されている値は、いわゆる CSS セレクタです。この構文は、通常はウェブページにスタイルを与えるために使われるものですが、これを使って HTML から特定の要素を選択することもできます。この場合は、`wikitable` クラスに属する表の一部となっているすべての `<tr>`（行）要素（先頭行を除く）を選択しようとしています。先頭行が不要だというのは（`:not(first-child)` で指定されています）、表のヘッダーだからです。データセットに含まれているのは、国、地域の情報です。ご覧のように、`<html>`、`<body>` 要素で囲まれた（-b オプションでこれらを付けるように指定しています）`<tr>` 要素の塊ができています。これで、次のツール、xml2json がデータを操作できる状態になっています。

　xml2json は、名前が示すように XML（及び HTML）を JSON に変換します。

```
$ < table.html xml2json > table.json
$ < table.json jq '.' | head -n 25
{
  "html": {
    "body": {
      "tr": [
        {
          "td": [
            {
              "$t": "1"
            },
            {
              "$t": "Vatican City"
            },
            {
              "$t": "3.2"
```

```
            },
            {
              "$t": "0.44"
            },
            {
              "$t": "7.2727273"
            }
          ]
        },
        {
          "td": [
```

HTML を JSON に変換しているのは、JSON データなら jq という非常に強力なツールで操作できるからです。次のコマンドは、JSON データから特定の部分を抽出し、あとで操作しやすい形式に変形しています。

```
$ < data/table.json jq -c '.html.body.tr[] | {country: .td[1][],border:'\
> '.td[2][], surface: .td[3][]}' > countries.json
$ head -n 10 data/countries.json
{"surface":"0.44","border":"3.2","country":"Vatican City"}
{"surface":"2","border":"4.4","country":"Monaco"}
{"surface":"61","border":"39","country":"San Marino"}
{"surface":"160","border":"76","country":"Liechtenstein"}
{"surface":"34","border":"10.2","country":"Sint Maarten (Netherlands)"}
{"surface":"468","border":"120.3","country":"Andorra"}
{"surface":"6","border":"1.2","country":"Gibraltar (United Kingdom)"}
{"surface":"54","border":"10.2","country":"Saint Martin (France)"}
{"surface":"2586","border":"359","country":"Luxembourg"}
{"surface":"6220","border":"466","country":"Palestinian territories"}
```

あと少しです。JSON は、さまざまな長所を持ち、広く使われているデータ形式ですが、私たちの目的のためには、CSV 形式の方が好都合です。json2csv ツールを使えば、JSON 形式のデータを CSV に変換できます。

```
$ < countries.json json2csv -p -k border,surface > countries.csv
$ head -n 11 countries.csv | csvlook
|---------+---------|
| border  | surface |
|---------+---------|
| 3.2     | 0.44    |
| 4.4     | 2       |
```

```
| 39    | 61    |
| 76    | 160   |
| 10.2  | 34    |
| 120.3 | 468   |
| 1.2   | 6     |
| 10.2  | 54    |
| 359   | 2586  |
| 466   | 6220  |
|-------+-------|
```

これでデータは操作できる形になりました。WikipediaのページからCSVのデータセットを作るまでのステップはかなりのものでしたが、これらのコマンドを1つに結合すれば、実際には簡潔で内容の豊かなものになります。

```
$ curl -sL 'http://en.wikipedia.org/wiki/List_of_countries'\
> '_and_territories_by_border/area_ratio' |
> scrape -be 'table.wikitable > tr:not(:first-child)' |
> xml2json | jq -c '.html.body.tr[] | {country: .td[1][],'\
> 'border: .td[2][], surface: .td[3][], ratio: .td[4][]}' |
> json2csv -p -k=border,surface | head -n 11 | csvlook
|--------+---------|
| border | surface |
|--------+---------|
| 3.2    | 0.44    |
| 4.4    | 2       |
| 39     | 61      |
| 76     | 160     |
| 10.2   | 34      |
| 120.3  | 468     |
| 1.2    | 6       |
| 10.2   | 54      |
| 359    | 2586    |
| 466    | 6220    |
|--------+---------|
```

HTML/XMLからJSONを経由してCSVに変換するデモは以上です。jqはこれ以外にもさまざまな処理をすることができ、XMLデータを操作するための専用ツールはほかにもありますが、私たちの経験では、できる限り早くデータをCSV形式に変換するとうまく仕事を進められるようです。こうすれば、非常に特化したツールではなく、汎用のコマンドラインツールの上達のために時間を使えます。

5.5 CSVでよく行われるクレンジング処理
5.5.1 列の抽出と順序変更

csvcut（Groskopf, 2014）を使えば、列を抽出して順序を変えることができます。たとえば、Iris データセットのうち、数値を含む列だけを残して、中央の 2 つの列の順序を逆にするには、次のようにします。

```
$ < iris.csv csvcut -c sepal_length,petal_length,sepal_width,petal_width |
> head -n 5 | csvlook
|---------------+--------------+-------------+-------------|
| sepal_length  | petal_length | sepal_width | petal_width |
|---------------+--------------+-------------+-------------|
| 5.1           | 1.4          | 3.5         | 0.2         |
| 4.9           | 1.4          | 3.0         | 0.2         |
| 4.7           | 1.3          | 3.2         | 0.2         |
| 4.6           | 1.5          | 3.1         | 0.2         |
|---------------+--------------+-------------+-------------|
```

補集合（complement）という意味の -C オプションで省略したい列を指定することもできます。

```
$ < iris.csv csvcut -C species | head -n 5 | csvlook
|---------------+--------------+--------------+--------------|
| sepal_length  | sepal_width  | petal_length | petal_width  |
|---------------+--------------+--------------+--------------|
| 5.1           | 3.5          | 1.4          | 0.2          |
| 4.9           | 3.0          | 1.4          | 0.2          |
| 4.7           | 3.2          | 1.3          | 0.2          |
| 4.6           | 3.1          | 1.5          | 0.2          |
|---------------+--------------+--------------+--------------|
```

今度は、列の順序はもとのままにしてあります。列名ではなく、列インデックス（先頭は 1 です）を指定することもできます。こうすれば、たとえば奇数番目の列だけを選択することもできます（必要になったことがきっとあるはずです）。

```
$ echo 'a,b,c,d,e,f,g,h,i\n1,2,3,4,5,6,7,8,9' |
> csvcut -c $(seq 1 2 9 | paste -sd,)
a,c,e,g,i
1,3,5,7,9
```

値のなかにカンマがないことがはっきりしている場合には、cut を使って列を抽出することもできます。ただし、次のコマンドからも明らかなように、cut は列の順序を変えることはできないので注意してください。

```
$ echo 'a,b,c,d,e,f,g,h,i\n1,2,3,4,5,6,7,8,9' | cut -d, -f 5,1,3
a,c,e
1,3,5
```

cut の場合、列をどの順序で指定しても結果は変わりません。cut を使った場合、列はかならずもとのファイルと同じ順序で並べられます。最後に、Iris データセットの数値の列を抽出して順序を変えるために SQL を使う方法も見ておきましょう。

```
$ < iris.csv csvsql --query "SELECT sepal_length, petal_length, "\
> "sepal_width, petal_width FROM stdin" | head -n 5 | csvlook
|--------------+--------------+-------------+--------------|
| sepal_length | petal_length | sepal_width | petal_width  |
|--------------+--------------+-------------+--------------|
| 5.1          | 1.4          | 3.5         | 0.2          |
| 4.9          | 1.4          | 3.0         | 0.2          |
| 4.7          | 1.3          | 3.2         | 0.2          |
| 4.6          | 1.5          | 3.1         | 0.2          |
|--------------+--------------+-------------+--------------|
```

5.5.2 行のフィルタリング

CSV ファイルの行のフィルタリングがプレーンテキストの行のフィルタリングと異なるのは、特定の列の値のみに基づくフィルタリングが必要になることです。位置に基づくフィルタリングは同じですが、CSV ファイルの第 1 行は一般にヘッダーになることを計算に入れなければなりません。ヘッダーを残しておきたいときには、body があることを忘れないようにしてください。

```
$ seq 5 | sed -n '3,5p'
3
4
5
$ seq 5 | header -a count | body sed -n '3,5p'
count
3
4
5
```

5.5 CSVでよく行われるクレンジング処理

特定の列の特定のパターンに基づいてフィルタリングしたいときには、csvgrep、awk が使えますし、もちろん csvsql も使えます。たとえば、人数が 4 人以下の請求書をすべて取り除くには、次のようにします。

```
$ csvgrep -c size -i -r "[1-4]" tips.csv | csvlook
|--------+------+--------+--------+------+--------+------|
| bill   | tip  | sex    | smoker | day  | time   | size |
|--------+------+--------+--------+------+--------+------|
| 29.8   | 4.2  | Female | No     | Thur | Lunch  | 6    |
| 34.3   | 6.7  | Male   | No     | Thur | Lunch  | 6    |
| 41.19  | 5.0  | Male   | No     | Thur | Lunch  | 5    |
| 27.05  | 5.0  | Female | No     | Thur | Lunch  | 6    |
| 29.85  | 5.14 | Female | No     | Sun  | Dinner | 5    |
| 48.17  | 5.0  | Male   | No     | Sun  | Dinner | 6    |
| 20.69  | 5.0  | Male   | No     | Sun  | Dinner | 5    |
| 30.46  | 2.0  | Male   | Yes    | Sun  | Dinner | 5    |
| 28.15  | 3.0  | Male   | Yes    | Sat  | Dinner | 5    |
|--------+------+--------+--------+------+--------+------|
```

awk と csvsql は、数値としての比較も使えます。たとえば、土曜か日曜で請求金額が 40 ドルよりも多いものを残すには、次のようにします。

```
$ < tips.csv awk -F, '($1 > 40.0) && ($5 ~ /S/)' | csvlook
|--------+------+--------+-----+-----+--------+----|
| 48.27  | 6.73 | Male   | No  | Sat | Dinner | 4  |
|--------+------+--------+-----+-----+--------+----|
| 44.3   | 2.5  | Female | Yes | Sat | Dinner | 3  |
| 48.17  | 5.0  | Male   | No  | Sun | Dinner | 6  |
| 50.81  | 10.0 | Male   | Yes | Sat | Dinner | 3  |
| 45.35  | 3.5  | Male   | Yes | Sun | Dinner | 3  |
| 40.55  | 3.0  | Male   | Yes | Sun | Dinner | 2  |
| 48.33  | 9.0  | Male   | No  | Sat | Dinner | 4  |
|--------+------+--------+-----+-----+--------+----|
```

csvsql はほかのツールよりもコマンドラインが長くなりますが、列のインデックスではなく、名前を使っているので、より堅牢です。

```
$ < tips.csv csvsql --query "SELECT * FROM stdin "\
> "WHERE bill > 40 AND day LIKE '%S%'" | csvlook
|--------+------+--------+--------+-----+--------+-------|
| bill   | tip  | sex    | smoker | day | time   | size  |
```

```
|--------+------+--------+---------+-----+--------+-------|
| 48.27  | 6.73 | Male   | 0       | Sat | Dinner | 4     |
| 44.3   | 2.5  | Female | 1       | Sat | Dinner | 3     |
| 48.17  | 5.0  | Male   | 0       | Sun | Dinner | 6     |
| 50.81  | 10.0 | Male   | 1       | Sat | Dinner | 3     |
| 45.35  | 3.5  | Male   | 1       | Sun | Dinner | 3     |
| 40.55  | 3.0  | Male   | 1       | Sun | Dinner | 2     |
| 48.33  | 9.0  | Male   | 0       | Sat | Dinner | 4     |
|--------+------+--------+---------+-----+--------+-------|
```

なお、SQL クエリーの WHERE 節の柔軟性は、ほかのコマンドラインツールではなかなか真似ができません。SQL は、日付や集合を操作し、節を複雑に組み合わせることができます。

5.5.3 列のマージ

注目している値が複数の列に分散しているときには、列のマージが役に立ちます。日付（年、月、日が別々の列になっている場合があります）や名前（姓と名が別々の列になっている場合があります）などでは、このようなことがよくあります。それでは、姓と名のマージについて考えてみましょう。

入力 CSV は、現代の作曲家のリストです。私たちの課題は、姓と名を結合してフルネームにすることです。この課題に対して、それぞれ sed、awk、cols/tr、csvsql を使う 4 種類のアプローチをお見せします。まず、入力 CSV を見てみましょう。

```
$ < names.csv csvlook
|-----+-----------+------------+-------|
| id  | last_name | first_name | born  |
|-----+-----------+------------+-------|
| 1   | Williams  | John       | 1932  |
| 2   | Elfman    | Danny      | 1953  |
| 3   | Horner    | James      | 1953  |
| 4   | Shore     | Howard     | 1946  |
| 5   | Zimmer    | Hans       | 1957  |
|-----+-----------+------------+-------|
```

第 1 のアプローチ、sed は、2 つの正規表現を使っています。第 1 の正規表現はヘッダーを書き換え、第 2 の正規表現は 2 行目以降に対して後方参照を使った置換を行います。

```
$ < names.csv sed -re '1s/.*/id,full_name,born/g;'\
> '2,$s/(.*),(.*),(.*)/\1,\3 \2,\4/g' | csvlook
|-----+----------------+-------|
|  id | full_name      | born  |
|-----+----------------+-------|
|  1  | John Williams  | 1932  |
|  2  | Danny Elfman   | 1953  |
|  3  | James Horner   | 1953  |
|  4  | Howard Shore   | 1946  |
|  5  | Hans Zimmer    | 1957  |
|-----+----------------+-------|
```

awk を使った方法は、次の通りです。

```
$ < names.csv awk -F, 'BEGIN{OFS=","; print "id,full_name,born"}'\
> '{if(NR > 1) {print $1,$3" "$2,$4}}' | csvlook
|-----+----------------+-------|
|  id | full_name      | born  |
|-----+----------------+-------|
|  1  | John Williams  | 1932  |
|  2  | Danny Elfman   | 1953  |
|  3  | James Horner   | 1953  |
|  4  | Howard Shore   | 1946  |
|  5  | Hans Zimmer    | 1957  |
|-----+----------------+-------|
```

cols と tr を組み合わせた方法は、次の通りです。

```
$ < names.csv cols -c first_name,last_name tr \",\" \" \" |
> header -r full_name,id,born | csvcut -c id,full_name,born | csvlook
|-----+----------------+-------|
|  id | full_name      | born  |
|-----+----------------+-------|
|  1  | John Williams  | 1932  |
|  2  | Danny Elfman   | 1953  |
|  3  | James Horner   | 1953  |
|  4  | Howard Shore   | 1946  |
|  5  | Hans Zimmer    | 1957  |
|-----+----------------+-------|
```

csvsql は SQLite のクエリーを採用しており、|| は結合を意味します。

```
$ < names.csv csvsql --query "SELECT id, first_name || ' ' || last_name "\
> "AS full_name, born FROM stdin" | csvlook
|-----+----------------------+-------|
|  id | full_name            | born  |
|-----+----------------------+-------|
|   1 | John Williams        | 1932  |
|   2 | Danny Elfman         | 1953  |
|   3 | James Horner         | 1953  |
|   4 | Howard Shore         | 1946  |
|   5 | Hans Zimmer          | 1957  |
|-----+----------------------+-------|
```

`last_name` にカンマが含まれていたらどうなるでしょうか。話をはっきりさせるために、未操作の入力 CSV がどのようになっているのかを見ておきましょう。

```
$ cat names-comma.csv
id,last_name,first_name,born
1,Williams,John,1932
2,Elfman,Danny,1953
3,Horner,James,1953
4,Shore,Howard,1946
5,Zimmer,Hans,1957
6,"Beethoven, van",Ludwig,1770
```

最初の 3 つのアプローチは、それぞれ異なる形でエラーを起こすでしょう。`csvsql`だけが `first_name` と `full_name` を正しく結合できます。

```
$ < names-comma.csv sed -re '1s/.*/id,full_name,born/g;'\
> '2,$s/(.*),(.*),(.*),(.*)/\1,\3 \2,\4/g' | tail -n 1
6,"Beethoven,Ludwig van",1770
$ < names-comma.csv awk -F, 'BEGIN{OFS=","; print "id,full_name,born"}'\
> '{if(NR > 1) {print $1,$3" "$2,$4}}' | tail -n 1
6, van" "Beethoven,Ludwig
$ < names-comma.csv cols -c first_name,last_name tr \",\" \" \" |
> header -r full_name,id,born | csvcut -c id,full_name,born | tail -n 1
6,"Ludwig ""Beethoven van""",1770
$ < names-comma.csv csvsql --query "SELECT id, first_name || ' ' || last_name"\
> " AS full_name, born FROM stdin" | tail -n 1
6,"Ludwig Beethoven, van",1770
$ < names-comma.csv Rio -e 'df$full_name <- paste(df$first_name,df$last_name);'\
> 'df[c("id","full_name","born")]' | tail -n 1
6,"Ludwig Beethoven, van",1770
```

あれあれ、最後のものは何でしょうか？ R? 実はそうなのです。これは、Rio（Janssens、2014）というコマンドラインツールに評価される R コードです。今私たちが言えるのは、この方法でも 2 つの列のマージに成功するということだけです。このすばらしいコマンドラインツールについてはあとで説明します。

5.5.4 複数の CSV ファイルの結合

縦方向の連結

たとえばデータセットが毎日生成される場合や個々のデータセットが別の市場や製品を表している場合には、縦方向の連結が必要になることがあります。それでは、私たちが愛用してきた Iris データセットを 3 つの CSV ファイルに分割し、これらを再び結合するという形で後者をシミュレートしてみましょう。コマンドラインツールを集めた CRUSH スイートに含まれる `fieldsplit`（Hinds et al.、2010）を使います。

```
$ < iris.csv fieldsplit -d, -k -F species -p . -s .csv
```

オプションの意味を説明しておきましょう。`-d` は区切り子を指定し、`-k` は各ファイルにヘッダーを入れることを指示します。`-F` は出力ファイルを分割する根拠になる値を持つ列を指定し、`-p` は相対出力パス、`-s` は拡張子を指定します。Iris データセットの `species` 列には、3 種類の異なる値が含まれているので、それぞれ 50 行のデータとヘッダーを格納する 3 個の CSV ファイルが作られます。

```
$ wc -l Iris-*.csv
  51 Iris-setosa.csv
  51 Iris-versicolor.csv
  51 Iris-virginica.csv
 153 total
```

次のように、`header -d` で最初のファイル以外のヘッダーを取り除き、`cat` でファイルを連結すれば、元のファイルが得られます。

```
$ cat Iris-setosa.csv <(< Iris-versicolor.csv header -d) \
> <(< Iris-virginica.csv header -d) | sed -n '1p;49,54p' | csvlook
|--------------+-------------+--------------+-------------+-------------|
| sepal_length | sepal_width | petal_length | petal_width | species     |
|--------------+-------------+--------------+-------------+-------------|
| 4.6          | 3.2         | 1.4          | 0.2         | Iris-setosa |
| 5.3          | 3.7         | 1.5          | 0.2         | Iris-setosa |
```

```
|  5.0           | 3.3           | 1.4           | 0.2          | Iris-setosa       |
|  7.0           | 3.2           | 4.7           | 1.4          | Iris-versicolor   |
|  6.4           | 3.2           | 4.5           | 1.5          | Iris-versicolor   |
|  6.9           | 3.1           | 4.9           | 1.5          | Iris-versicolor   |
|----------------+---------------+---------------+--------------+-------------------|
```

ここで sed を使っているのは、ヘッダーと第 1 のファイルの末尾 3 行、第 2 のファイルの先頭 3 行を表示して処理が成功していることを示すために過ぎません。この方法でも正しい動作が得られますが、csvstack (Groskopf、2014) を使った方が簡単です（エラーも減ります）。

```
$ csvstack Iris-*.csv | sed -n '1p;49,54p' | csvlook
|----------------+---------------+---------------+--------------+-------------------|
|  sepal_length  | sepal_width   | petal_length  | petal_width  | species           |
|----------------+---------------+---------------+--------------+-------------------|
|  4.6           | 3.2           | 1.4           | 0.2          | Iris-setosa       |
|  5.3           | 3.7           | 1.5           | 0.2          | Iris-setosa       |
|  5.0           | 3.3           | 1.4           | 0.2          | Iris-setosa       |
|  7.0           | 3.2           | 4.7           | 1.4          | Iris-versicolor   |
|  6.4           | 3.2           | 4.5           | 1.5          | Iris-versicolor   |
|  6.9           | 3.1           | 4.9           | 1.5          | Iris-versicolor   |
|----------------+---------------+---------------+--------------+-------------------|
```

species 列が存在しない場合は、csvstack を使えばファイル名に基づいて新しい列を作ることができます。

```
$ csvstack Iris-*.csv -n species --filenames
```

-g を使ってグループ名を指定することもできます。

```
$ csvstack Iris-*.csv -n class -g a,b,c | csvcut -C species |
> sed -n '1p;49,54p' | csvlook
|--------+---------------+--------------+---------------+--------------|
| class  | sepal_length  | sepal_width  | petal_length  | petal_width  |
|--------+---------------+--------------+---------------+--------------|
|  a     | 4.6           | 3.2          | 1.4           | 0.2          |
|  a     | 5.3           | 3.7          | 1.5           | 0.2          |
|  a     | 5.0           | 3.3          | 1.4           | 0.2          |
|  b     | 7.0           | 3.2          | 4.7           | 1.4          |
|  b     | 6.4           | 3.2          | 4.5           | 1.5          |
|  b     | 6.9           | 3.1          | 4.9           | 1.5          |
|--------+---------------+--------------+---------------+--------------|
```

新しい列である class は冒頭に追加されます。順序を変えたい場合には、この節で以前に触れた csvcut を使います。

水平方向の連結

横につなげたい 3 個の CSV ファイルを作りましょう。tee（Parker、Stallman、MacKenzie、2012）を使えば、csvcut の実行結果をパイプラインの途中で保存できます。

```
$ < tips.csv csvcut -c bill,tip | tee bills.csv | head -n 3 | csvlook
|--------+-------|
| bill   | tip   |
|--------+-------|
| 16.99  | 1.01  |
| 10.34  | 1.66  |
|--------+-------|
$ < tips.csv csvcut -c day,time | tee datetime.csv |
> head -n 3 | csvlook
|------+---------|
| day  | time    |
|------+---------|
| Sun  | Dinner  |
| Sun  | Dinner  |
|------+---------|
$ < tips.csv csvcut -c sex,smoker,size | tee customers.csv |
> head -n 3 | csvlook
|---------+--------+-------|
| sex     | smoker | size  |
|---------+--------+-------|
| Female  | No     | 2     |
| Male    | No     | 3     |
|---------+--------+-------|
```

行数が揃っているなら、paste（Ihnat、MacKenzie、2012）を使えばファイルを横につなげることができます。

```
$ paste -d, {bills,customers,datetime}.csv | head -n 3 | csvlook
|--------+------+--------+--------+------+-----+---------|
| bill   | tip  | sex    | smoker | size | day | time    |
|--------+------+--------+--------+------+-----+---------|
| 16.99  | 1.01 | Female | No     | 2    | Sun | Dinner  |
| 10.34  | 1.66 | Male   | No     | 3    | Sun | Dinner  |
|--------+------+--------+--------+------+-----+---------|
```

-d オプションは、paste に対し、カンマを区切り子として使うよう指示します。

ジョイン

単純にファイルを垂直方向や水平方向に結合することができない場合があります。リレーショナルデータベースの場合には特によく見られることですが、冗長性を削減するために、データが複数の表（またはファイル）に分散していることがあります。たとえば、Iris データセットに Iris の花の 3 種類のタイプ（USDA 識別子）を表す情報を追加したいものとします。ちょうどうまい具合に、識別子をまとめた別の CSV ファイルもあります。

```
$ csvlook irismeta.csv
|-----------------+------------------------------------------+----------|
| species         | wikipedia_url                            | usda_id  |
|-----------------+------------------------------------------+----------|
| Iris-versicolor | http://en.wikipedia.org/wiki/Iris_versicolor | IRVE2 |
| Iris-virginica  | http://en.wikipedia.org/wiki/Iris_virginica  | IRVI  |
| Iris-setosa     |                                          | IRSE     |
|-----------------+------------------------------------------+----------|
```

このデータセットと Iris データセットに共通しているのは species 列です。csvjoin（Groskopf、2014）を使えば、2 つのデータセットをジョインすることができます。

```
$ csvjoin -c species iris.csv irismeta.csv | csvcut -c sepal_length,\
> sepal_width,species,usda_id | sed -n '1p;49,54p' | csvlook
|--------------+-------------+-----------------+----------|
| sepal_length | sepal_width | species         | usda_id  |
|--------------+-------------+-----------------+----------|
| 4.6          | 3.2         | Iris-setosa     | IRSE     |
| 5.3          | 3.7         | Iris-setosa     | IRSE     |
| 5.0          | 3.3         | Iris-setosa     | IRSE     |
| 7.0          | 3.2         | Iris-versicolor | IRVE2    |
| 6.4          | 3.2         | Iris-versicolor | IRVE2    |
| 6.9          | 3.1         | Iris-versicolor | IRVE2    |
|--------------+-------------+-----------------+----------|
```

もちろん、csvsql を使って SQL でジョインすることもできます。この方法は、いつもと同じように、少しコマンドラインが長くなります（しかし、この方がはるかに

柔軟です）。

```
$ csvsql --query 'SELECT i.sepal_length, i.sepal_width, i.species, m.usda_id '\
> 'FROM iris i JOIN irismeta m ON (i.species = m.species)' \
> iris.csv irismeta.csv | sed -n '1p;49,54p' | csvlook
|---------------+-------------+-----------------+---------|
| sepal_length  | sepal_width | species         | usda_id |
|---------------+-------------+-----------------+---------|
| 4.6           | 3.2         | Iris-setosa     | IRSE    |
| 5.3           | 3.7         | Iris-setosa     | IRSE    |
| 5.0           | 3.3         | Iris-setosa     | IRSE    |
| 7.0           | 3.2         | Iris-versicolor | IRVE2   |
| 6.4           | 3.2         | Iris-versicolor | IRVE2   |
| 6.9           | 3.1         | Iris-versicolor | IRVE2   |
|---------------+-------------+-----------------+---------|
```

5.6 参考文献

- Molinaro, A. (2005). SQL Cookbook. O'Reilly Media.

- Goyvaerts, J., & Levithan, S. (2012). Regular Expressions Cookbook (2nd Ed.、http://bit.ly/regex_cookbook_2e). O'Reilly Media.

- Dougherty, D., & Robbins, A. (1997) . sed & awk (2nd Ed.). O'Reilly Media.

6章
データワークフローの管理

ここまでで、読者はコマンドラインがデータサイエンスのために非常に便利な環境だということを認めていただけたのではないでしょうか。そして、コマンドラインで仕事をした結果、次のようなことに気付かれたかもしれません。

- さまざまなコマンドを起動する。
- カスタムの1回限りのコマンドラインツールを作る。
- 多くの（中間）ファイルを生成する。

このプロセスは手探り的になるため、ワークフローは混沌としがちで、何をしたのかを管理するのが非常に難しいという欠点があります。自分自身もほかの人々も、たどったステップを再現できるようにすることが非常に大切です。たとえば、数週間前に中断したプロジェクトを再開するときには、どのコマンドを実行したか、どのファイルに対して実行したか、どのような順番だったか、どんなパラメータを指定したかを忘れている可能性があります。自分の分析を協力者に引き継ぐことの難しさが想像できるというものです。

忘れたコマンドは、Bashの履歴情報を掘り下げれば復元できることがありますが、もちろんこれはよいアプローチとはいえません。run.shのようなBashスクリプトにコマンドを保存する方がよいアプローチです。そうすれば、あなたと協力者は少なくとも分析を再現できます。しかし、シェルスクリプトは、次のような理由から、最善の方法だとは言えません。

- 読みにくさ、メンテナンスのしにくさ
- ステップ間の依存関係が不明確
- すべてのステップが毎回実行されるので、非効率で場合によっては不都合

このようなときに役に立つのが Drake（Factual、2014）です。Drake は、Factual が作ったコマンドラインツールで、次のことができます。

- 入出力の依存関係によるデータワークフローステップの定式化
- ワークフローに含まれる特定のステップのコマンドラインからの実行
- インラインコード（たとえば Python、R）の組み込み
- 外部ソース（たとえば、S3、HDFS）との間のデータのやり取り

6.1　概要

この章の主要なテーマは、Drake を使ったデータワークフローの管理です。その流れのなかで次のことを学びます。

- いわゆる「Drakefile」によるワークフローの定義
- 入出力の依存関係に基づくワークフローの検討
- 特定のターゲットのビルド

6.2　Drake とは何か

Drake は、データとその依存関係に基づいてコマンドの実行を構造化します。データ処理ステップは、別個のテキストファイル（ワークフロー）によって定式化されます。各ステップには、通常 1 つ以上の入力と出力があります。Drake は自動的に依存関係を解決し、どのコマンドをどのような順序で実行しなければならないかを判断します。

たとえば、10 分かかる SQL クエリーがあったとして、そのクエリーは、結果がないときかクエリーが書き換えられたときにだけ実行すればよいはずです。また、特定

のステップを再実行したいときには、Drakeはそのステップが依存するステップだけを（再）実行します。このようにすれば、時間を大幅に節約できます。

定式化されたワークフローを作っておけば、数週間中断したプロジェクトの再開や協力者との共同作業が楽になります。このプロジェクトは1度限りのものだと思うような場合でも、ワークフローを作ることを強くお勧めします。特定のステップをいつ再実行することになるか、ほかのプロジェクトの特定のステップをいつ再利用したくなるかはわかりません。

6.3 Drakeのインストール方法

Drakeには、いくつかの依存コードがあるため、インストールが少し複雑です。以下の説明では、Ubuntuが使われていることを前提として話を進めます。

> Data Science Toolboxを使っているなら、すでにDrakeはインストールされているので、この節は読み飛ばしてかまいません。

Drakeは、Clojure言語で書かれているため、JVM（Java仮想マシン）のもとで実行されます。ビルド済みのJARはありますが、Drakeは活発に開発が進められているので、ここではソースからビルドすることにします。そのためには、Leiningenをインストールする必要があります。

```
$ sudo apt-get install openjdk-6-jdk
$ sudo apt-get install leiningen
```

次に、FactualからDrakeリポジトリをクローンします。

```
$ git clone https://github.com/Factual/drake.git
```

そして、Leiningenを使ってJARをビルドします。

```
$ cd drake
$ lein uberjar
```

これで、drake.jarが作られます。このファイルをPATH上のディレクトリ（たとえば、~/.bin）にコピーします。

```
$ mv drake.jar ~/.bin/
```

ここまで進めば、すでに Drake を実行できるようになっているはずです。

```
$ cd ~/.bin/
$ java -jar drake.jar
```

しかし、この方法は 2 つの理由からあまり便利なものではありません。(1) JVM の起動に時間がかかり、(2) このディレクトリからでなければ実行できないからです。java コマンドよりもずっと高速に起動できる JVM ランチャー、Drip をインストールすることをお勧めします。まず、Flatland から Drip リポジトリをクローンします。

```
$ git clone https://github.com/flatland/drip.git
$ cd drip
$ make prefix=~/.bin install
```

次に、どこからでも Drake を起動できるようにする Bash スクリプトを作ります。

```
$ cd ~/.bin
$ cat << 'EOF' > drake
> #!/bin/bash
> drip -cp $(dirname $0)/drake.jar drake.core "$@"
> EOF
$ chmod +x drake
```

Drake と Drip の両方を正しくインストールできたかどうかは、できれば別のディレクトリから次のコマンドを実行すれば確かめられます。

```
$ drake --version
Drake Version 0.1.6
```

> Drip によって Java が高速化されるのは、最初に起動されたときに JVM のインスタンスを予約するからです。そのため、スピードアップを感じるのは、2 度目に起動したときからです。

6.4 Project Gutenberg でもっとも人気の高い電子ブックの取得

　ここから章末までは、例として次の課題を使うことにしましょう。私たちの目標は、この課題を解決するために使っているコマンドを Drake のワークフローに変換することです。単純なところから始め、次第に高度なワークフローに進みながら、Drake のさまざまな概念や構文を説明していきます。

　Project Gutenberg は、1971 年以来、42,000 冊の本をデジタルアーカイブにまとめて、無料でオンラインアクセスできるようにしている非常に意欲的なプロジェクトです。Project Gutenberg のウェブサイトに行くと、もっともよくダウンロードされている 100 冊の電子ブックを見ることができます。Project Gutenberg のダウンロードトップ 5 に注目してみましょう。このリストは HTML で作られているので(そして、スクレイピングが不要な形式になっているので)、ダウンロードトップ 5 を入手するのは簡単です。

```
$ cd ~/book/ch06
$ curl -s 'http://www.gutenberg.org/browse/scores/top' |    ❶
> grep -E '^<li>' |                                          ❷
> head -n 5 |                                                ❸
> sed -E "s/.*ebooks\/([0-9]+).*/\\1/" > data/top-5          ❹
```

このコマンドの各部は、次のような意味です。

❶　HTML をダウンロードします。

❷　リストの項目を抽出します。

❸　トップ 5 の項目だけを残します。

❹　data/top-5 に電子ブック ID を保存します。

このコマンドの出力は次のようになります。

```
$ cat data/top-5
1342
76
11
```

```
1661
1952
```

　この動作をあとで再現したい場合、もっとも簡単なのは、4章で説明したように、コマンドをスクリプトにまとめることです。スクリプトを再度実行すると、HTMLも再びダウンロードされます。特定のステップを実行するかどうかを決められるようにしたいと思う理由には、非常に長い時間がかかるステップが含まれているから、同じデータを使い続けたいから、一定のレートリミットがあるAPIからデータを入手しているから、などがあります。あるステップでデータをファイルに保存し、その後のステップではそのファイルを操作するようにすれば、冗長な計算やAPI呼び出しをする必要がなくなり、よさそうです。私たちの例の場合、HTMLは十分高速にダウンロードできるので、第1の理由が問題になることはありません。しかし、データがほかのソースから届く場合やデータが数GBもある場合はどうすればよいでしょうか。

6.5　ワークフローの始まりはいつもシングルステップ

　この節では、先ほどのコマンドをDrakeワークフローに変換します。ワークフローはテキストファイルです。Drakeは、コマンドラインでファイル名が指定されなければDrakefileを使うので、このファイルには普通Drakefileという名前を付けます。ステップが1つだけのワークフローは、例6-1のようになります。

例6-1　ステップが1つだけのワークフロー（Drakefile）

```
data/top-5 <-                                       ❶
  curl -s 'http://www.gutenberg.org/browse/scores/top' |   ❷
  grep -E '^<li>' |                                 ❸
  head -n 5 |                                       ❹
  sed -E "s/.*ebooks\/([0-9]+).*/\\1/" > data/top-5  ❺
```

　このファイルをじっくりと見ていきましょう。左を指す矢印が含まれている第1行は、ステップ定義です。矢印の左側のtop-5が、このステップの名前であり出力です。このステップに対する入力は、この矢印の右側に書かれますが、このステップには入力がないので空になっています。Drakeがステップ間の依存関係を認識できるのは、入力と出力の定義があるからです。出力は、ターゲットとも呼ばれます。このステップの本体は、先ほどのコマンドをほぼそのまま写してきたものですが、前にインデン

6.5 ワークフローの始まりはいつもシングルステップ | 107

トが追加されています。

❶ 矢印（<-）は、ステップの名前とその依存関係を示します。これについては、あとで詳しく説明します。

❷ 本体はインデントされています。

❸ リストの項目だけを選択します。

❹ 先頭5項目を残します。

❺ IDを抽出し、top-5ファイルに保存します。top-5はすでにステップ定義で指定されており、5は3回も使われていることに注意しましょう。この部分は、あとで対処します。

このワークフローは、この上なく単純です。Bashスクリプトにコマンドを収めるのと比べてメリットだと言えるようなこともありません。しかし、心配しないでください。わくわくするような話になることをお約束します。さしあたり、Drakeを実行し、最初のワークフローを使って何をするのかを見てみましょう。

```
$ drake
The following steps will be run, in order:
  1: data/top-5 <- [missing output]
Confirm? [y/n] y
Running 1 steps with concurrence of 1...

--- 0. Running (missing output): data/top-5 <-
--- 0: data/top-5 <- -> done in 0.35s
Done (1 steps run).
```

Drakeに強制的に最初から実行させるために、ステップ間でdrake.logファイル、隠しディレクトリの.drake、その他すべての出力ファイルを削除するとよいでしょう。

ワークフローファイルを指定しなければ、Drakeは./Drakefileを使います。Drakeは、まずどのステップを実行しなければならないかを判断します。私たちの場合、出力がない（[missing output]）ので、唯一のステップが実行されます。出力

がないというのは、data/top-5 というファイルがないということです。Drake は、ステップを実行する前に確認を求めてきます。私たちは **[Enter]** を押し、ほどなく Drake は処理を終了します。Drake は、ステップ内にエラーがあるとは言ってきませんでした。出力ファイルの data/top-5 を見て、トップ 5 の本が選ばれているかどうかを確認しましょう。

```
$ cat data/top-5
1342
76
11
1661
1952
```

これで出力ファイルはできました。もう 1 度 Drake を実行してみましょう。

```
$ drake
The following steps will be run, in order:
  1: data/top-5 <- [no-input step]
Confirm? [y/n] n
Aborted.
```

ご覧のように、Drake はステップをもう 1 度実行しようとしています。しかし、実行したいと思う理由は違うと言っています。入力ステップがない（[no-input step]）というのです。Drake は、デフォルトで入力のタイムスタンプを参照し、入力が変わっているかどうかをチェックします。しかし、私たちは入力を指定していないので、Drake はこのステップをもう 1 度実行すべきかどうかわからないのです。例 6-2 のようにすれば、タイムスタンプをチェックするこのデフォルトの動作を無効にすることができます。

例 6-2　timecheck を指定した Drake ワークフロー（01.drake）

```
data/top-5 <- [-timecheck]
    curl -s 'http://www.gutenberg.org/browse/scores/top' |
    grep -E '^<li>' |
    head -n 5 |
    sed -E "s/.*ebooks\/([0-9]+)\">([^<]+)<.*/\\1,\\2/" > data/top-5
```

角括弧は、これがステップに対するオプションだということを示しています。timecheck の前のマイナス (-) は、タイムスタンプチェックを無効にしたいという意味です。これで、このワークフローは出力がないときに限り実行されるようになりました。

では、古いバージョンを残すために、別のファイル名を使いましょう。-w オプションを使えば、異なるワークフロー名（Drakefile 以外）を指定できます。もう1度 Drake を実行しましょう。

```
$ mv Drakefile 01.drake
$ drake -w 01.drake
Nothing to do.
```

私たちの最初のワークフローは、ステップを再実行する必要がないときにはそれを検出するので、すでに時間の節約に役立っています。しかし、これよりももっといいことができます。このワークフローには3つの欠点がありました。次節ではその欠点を修正していきます。

6.6　依存関係

私たちのワークフローには、ステップが1つだけしか含まれていません。そのため、ただの Bash スクリプトとまったく同じように、毎回すべての部分が実行されることになります。そこで、まずはこの1つのステップを2つに分割し、第1ステップでは HTML のダウンロード、第2ステップではこの HTML の処理を行うことにしましょう。第2のステップは、明らかに第1のステップによって左右されます。この依存関係はワークフローのなかで定義できます。

すでにお気づきのように、数値の5が3回も指定されています。たとえば、「Project Gutenberg」のたとえばトップ 10 を知りたいときには、ワークフローを3か所書き換えなければならなくなります。これは非効率であり、対処する必要があります。幸い、Drake は変数をサポートしています。

私たちのワークフローからただちに明らかというわけではないかもしれませんが、私たちのデータはスクリプトと同じ位置にあります。データは別の位置に置き、このデータを生成するコードから切り離す方がよいでしょう。そうすると、プロジェクトがきれいになるだけでなく、生成されたファイルを簡単に削除できるようになります。また、git (Torvalds、Hamano、2014) などのバージョン管理システムにデー

タファイルを組み込まないことも簡単に指定できるようになります。例 6-3 で改善されたワークフローを確認してみましょう。

例 6-3 依存関係を導入した Drake のワークフロー（02.drake）

```
NUM:=5                                                              ❶
BASE=data/                                                          ❷

top.html <- [-timecheck]
  curl -s 'http://www.gutenberg.org/browse/scores/top' > $OUTPUT    ❸

top-$[NUM] <- top.html                                              ❹
  < $INPUT grep -E '^<li>' |
  head -n $[NUM] |
  sed -E "s/.*ebooks\/([0-9]+)\">([^<]+)<.*/\\1,\\2/" > $OUTPUT
```

❶ Drake では、変数を指定できます。変数名を指定し、次に等号を並べ、最後に値を並べるのです（できればファイルの最初の方で定義するとよいでしょう）。変数名は、かならずしもすべて大文字でなくてもかまいませんが、大文字にすれば目立ちます。ご覧のように、NUM 変数に対しては、= ではなく、:= を使っています。これは、NUM 変数がすでに設定されている場合は、上書きされないという意味です。これにより、Drake を実行する前にコマンドラインから NUM の値を指定することができます。

❷ BASE 変数は特殊変数です。Drake は、ワークフロー内で指定されたすべてのファイルがこのベースディレクトリにあるかのように扱います。

❸ ワークフローは 2 ステップになっています。第 1 のステップは以前と同じですが、出力は別の名前、つまり top.html になっています。この出力は、ステップ 2 の入力としても定義されています。Drake は、それにより、第 2 のステップが第 1 のステップに依存することを認識します。

❹ このワークフローでは、INPUT と OUTPUT の 2 つの特殊変数を新たに使っています。これら 2 つの特殊変数には、それぞれステップの入力、出力として定義したものが格納されます。これにより、特定のステップの入力、出力を 2 度指定しなくて済みます。また、将来のワークフローで特定のステップを再利用しやすくなります。

Drakeを使ってこの新しいワークフローを実行してみましょう。

```
$ drake -w 02.drake
The following steps will be run, in order:
  1: data/top.html <- [missing output]
  2: data/top-5 <- data/top.html [projected timestamped]
Confirm? [y/n] y
Running 2 steps with concurrence of 1...

--- 0. Running (missing output): data/top.html <-
--- 0: data/top.html <- -> done in 0.89s

--- 1. Running (missing output): data/top-5 <- data/top.html
--- 1: data/top-5 <- data/top.html -> done in 0.02s
Done (2 steps run).
```

次に、トップ5ではなくトップ10を知りたいものとします。コマンドラインからNUM変数を設定してDrakeを実行することができます（例6-4）。

例6-4　NUM=10を指定したDrakeワークフロー（02.drake）

```
$ NUM=10 drake -w 02.drake
The following steps will be run, in order:
  1: data/top-10 <- data/top.html [missing output]
Confirm? [y/n] y
Running 1 steps with concurrence of 1...

--- 1. Running (missing output): data/top-10 <- data/top.html
--- 1: data/top-10 <- data/top.html -> done in 0.02s
Done (1 steps run).
```

ご覧のように、第1のステップの出力はすでに作られているので、Drakeは第2ステップだけを実行します。ここでも、HTMLファイルのダウンロードが省略できたのは大したことではありませんが、10GBのデータを扱っていればどうなるかは想像できるでしょう。

6.7　特定のターゲットの再ビルド

Project Gutenbergのトップ100リストは毎日変わります。しかし、先ほど見たように、Drakeワークフローを次に実行したときには、リストを格納するHTMLは再

びダウンロードされません。幸い、Drake は特定のステップを再実行して、HTML ファイルを更新できるようにしています。

```
$ drake -w 02.drake '=top.html'
```

再実行したいステップを指定するためにこのように出力ファイル名を使わなくても、もっと便利な方法があります。ステップの入出力の両方にいわゆるタグというものを追加できます。タグは先頭が％になっています。タグ名としては短くて意味がよくわかるものを選ぶと、コマンドラインで指定しやすくなります。そこで、例 6-5 のように、第 1 ステップに%html、第 2 ステップに%filter というタグを追加しましょう。

例 6-5　タグを付けた Drake ワークフロー（03.drake）
```
NUM:=5
BASE=data/

top.html, %html <- [-timecheck]
    curl -s 'http://www.gutenberg.org/browse/scores/top' > $OUTPUT

top-$[NUM], %filter <- top.html
    < $INPUT grep -E '^<li>' |
    head -n $[NUM] |
    sed -E "s/.*ebooks\/([0-9]+)\">([^<]+)<.*/\\1,\\2/" > $OUTPUT
```

これで、%html タグを指定すれば第 1 ステップを再ビルドできるようになりました。

```
$ drake -w 03.drake '=%html'
```

6.8　この章を振り返って

データを自由にいじれるということは、コマンドラインの長所です。異なるコマンドを実行するのも異なるデータファイルを処理するのも簡単です。コマンドライン操作は、非常に対話的で反復的なプロセスです。しばらくすると、ほしい結果を得るためにどのようなステップをたどったのかを簡単に忘れてしまいます。そこで、ステップを頻繁に記録に残しておくことが非常に重要になります。そうすれば、あなたや同僚の誰かがしばらくあとにあなたのプロジェクトを開いてみたときに、同じステップを実行して同じ結果を再び生み出すことができます。

この章では、すべてのコマンドを1つのBashスクリプトにまとめてしまうのは最良の策ではないことを示してきました。そして、データワークフローを管理するためにコマンドラインツールのDrakeを使うことを提案しました。また、実例を使って、ステップとステップ間の依存関係をどのように定義するかを説明しました。

データをいじくりまわしてすべてを忘れてしまうことより楽しいことはありません。しかし、してきたことの記録を残すこと（Drakeワークフローによって）には意味があります。職業生活が楽になるだけではなく、データワークフローをステップによって考えるようになります。あなたのデータサイエンスツールボックス（時間とともに拡張され、あなたは効率よく仕事できるようになっているはずです）と同様に、Drakeワークフローもより構造化された環境を作るために役立ちます。定義したステップが増えていけば、特定のステップを再利用できる機会が増えるため、同じことを確実に再現することが楽になります。ぜひ、Drakeに慣れて仕事を楽にしていってください。

この章では、Drakeができることのほんの一部に触れただけです。もっと高度な機能としては、次のようなものがあります。

- ステップの非同期実行

- インラインPython、R、コードのサポート

- HDFS、S3との間でのデータのアップロード/ダウンロード

6.9 参考文献

- Factual. (2014). Drake. https://github.com/Factual/drake から取得。

7章
データの精査

データを獲得して洗浄したので、OSEMNモデルの第3ステップである精査に入ることができます。大変な作業（元のデータが綺麗だった場合を除く）が終わったあとで、ちょっと楽しい時間がやってくるというわけです。

精査は、データに親しむステップです。データから何らかの価値を引き出したいのであれば、データに慣れ親しむことはきわめて重要です。たとえば、データがどのような列を持つのかを知っていれば、さらに精査する価値があるデータがどれか、抱えている疑問に応えられるデータはどれかを見分けられます。

データの精査は3つの方向からすることができます。第1の方向は、データとその特徴の調査です。ここでは、たとえば未処理のデータがどのような形になっているかとか、データセットが何個のデータポイントを持っているか、データセットがどのような列を持っているかなどを調べます。

データ精査の第2の方向は、記述統計の計算です。この方向は、個別の要素についてより深く学びたいときに役に立ちます。出力が簡潔でテキストで表現できることが多いので、コマンドライン上で出力できるところが長所です。

第3の方向は、データの可視化です。この方向からは、複数の列がどのように相互作用しているかのヒントが得られます。この章では、コマンドライン上に可視化する方法を説明しますが、ほとんどの場合GUIに表示するのがベストです。可視化は、より柔軟ではるかに多くの情報を伝えられるところが記述統計よりも優れています。

7.1　概要

この章では、以下のことを学びます。

- データとその特徴の調査

- 記述統計の計算

- コマンドラインの内外に可視化イメージを表示する方法

7.2 データとその特徴の調査

　この節では、データセットとその特徴を見て調べる方法を説明します。このあとの可視化、モデリングテクニックは、表形式のデータを使うので、ここではデータがCSV形式になっていることを前提として話を進めます。

　5章で説明したテクニックを使えば、必要に応じてデータをCSVに変換することができます。話を単純にするために、データがヘッダーを持っていることも前提とします。まず、前提条件が満たされているかどうかをチェックします。データの準備ができていることがわかったら、先に進んで以下の問いに対して答えていきます。

- データセットはデータポイントと列をいくつ持っているか

- 未処理のデータがどのような形になっているか

- データセットはどのような種類の列を持っているか

- それらの列のなかにカテゴリカル変数（factor型）として扱えるものはあるか

7.2.1 まずはヘッダを持つか

ファイルがヘッダーを持つかどうかは、最初の数行を表示すればわかります。

```
$ head file.csv | csvlook
```

　先頭行がヘッダー行かすでにデータポイントになっているかは、あなたが判断しなければなりません。ヘッダーがない場合や、ヘッダーに改行が含まれている場合には、後戻りしてデータをクレンジングしてそのような問題がないようにした方がよいでしょう（クレンジングの方法については、5章を参照してください）。

7.2.2 全量調査

　未処理のデータの内容を見たいと思うなら、catは使わない方がいいでしょう。

cat は、1度にすべてのデータを画面に出力してしまいます。自分のペースで未処理データを見るには、-S オプション付きの less（Nudelman、2013）を使うことをお勧めします。

```
$ less -S file.csv
```

-S オプションを指定すると、長い行がターミナルに収まり切らなくても、改行しません。less は、水平スクロールして行の残りの部分を見られるようにしてくれます。less を使うメリットは、ファイル全体をメモリにロードしないことです。大規模なファイルを表示するときには、これが意味を持ちます。less のなかに入ったら、[Spacebar] を押せば画面1枚分スクロールダウンできます。水平スクロールは、[←]、[→] を押します。g、G を押すと、それぞれファイルの先頭、末尾に移動します。q を押せば、less を終了できます。ほかのキーについては、man ページを参照してください。

データをきれいに整形したい場合は、パイプラインに csvlook を追加します。

```
$ < file.csv csvlook | less -S
```

残念ながら、csvlook は、列の幅を決めるためにファイル全体をメモリに読み込まなければなりません。そこで、非常に大きなファイルの内容を見たいときには、サブセットを使うか（たとえば、sample を使って）、時間がかかるのを我慢しなければなりません。

7.2.3 列名とデータ型

データセットがどのようなものかを掴むためには、列名を表示してそれを検討すると役に立ちます。列名は、列の意味を示しているはずです。次の sed 式を使えば、列名一覧が得られます。

```
$ cd ~/book/ch07
$ < data/iris.csv sed -e 's/,/\n/g;q'
sepal_length
sepal_width
petal_length
petal_width
species
```

このコマンドは、ファイル内の情報がカンマ区切りになっていることを前提として

いるので注意してください。もしこのコマンドを頻繁に使うつもりなら、たとえば names という名前の関数を ~/.bashrc ファイルに定義するとよいでしょう。

```
names () { sed -e 's/,/\n/g;q'; }
```

この関数は、たとえば次のようにして使います。

```
$ < data/investments2.csv names
company_permalink
company_name
company_category_list
company_market
company_country_code
company_state_code
company_region
company_city
investor_permalink
investor_name
investor_category_list
investor_market
investor_country_code
investor_state_code
investor_region
investor_city
funding_round_permalink
funding_round_type
funding_round_code
funded_at
funded_month
funded_quarter
funded_year
raised_amount_usd
```

1歩進んで、ただ列名を表示する以上のこともできます。列の名前に加えて、各列にどのような型の値が含まれているのかがわかれば便利でしょう。データ型としては、文字列、数値、日付などがあります。次のようなデータセットがあったとします。

```
$ < data/datatypes.csv csvlook
|-----+--------+-------+----------+------------------+------------+---------|
| a   | b      | c     | d        | e                | f          | g       |
|-----+--------+-------+----------+------------------+------------+---------|
| 2   | 0.0    | FALSE | "Yes!"   | 2011-11-11 11:00 | 2012-09-08 | 12:34   |
| 42  | 3.1415 | TRUE  | Oh, good | 2014-09-15       | 12/6/70    | 0:07 PM |
| 66  |        |       | False    | 2198             |            |         |
|-----+--------+-------+----------+------------------+------------+---------|
```

csvsql はすでに 5 章で CSV データに対して直接 SQL クエリーを実行するために使っています。コマンドラインパラメータを渡さなければ、実際のデータベースにこのデータを挿入するために必要な SQL 文が生成されます。この出力は、推定された列のデータ型を確かめるためにも使えます。

```
csvsql data/datatypes.csv
CREATE TABLE datatypes (
    a INTEGER NOT NULL,
    b FLOAT,
    c BOOLEAN NOT NULL,
    d VARCHAR(8) NOT NULL,
    e DATETIME,
    f DATE,
    g TIME,
    CHECK (c IN (0, 1))
);
```

表 7-1 は、さまざまな SQL データ型の意味をまとめたものです。データ型の後ろに NOT NULL と書かれている列は、欠損値がありません。

表 7-1 Python と SQL のデータ型対照表

型	Python	SQL
文字列	unicode	VARCHAR
整数	int	INTEGER
浮動小数点数	float	FLOAT
日付	datetime.date	DATE
時刻	datetime.time	TIME
日時	datetime.datetime	DATETIME

7.2.4 一意な識別子、連続変数、因子

　各列のデータ型を知っているだけでは十分ではありません。各列が何を表しているかを知っていることも非常に大切です。この場面では、その分野の専門知識はそれほど役に立ちませんが、データ自体からヒントが得られることがあります。文字列と整数は、いずれも一意な識別子やカテゴリを表していることがあります。後者の場合、可視化するときに色分けのために使える可能性があります。また、整数がたとえば郵便番号を表している場合には、平均を計算しても無意味です。列を一意な識別子やカテゴリ変数（Rの用語で言うfactor型）として扱うべきかどうかを判断するためには、列が持つ一意な値の数を数えると役に立ちます。

```
$ cat data/iris.csv | csvcut -c species | body "sort | uniq | wc -l"
species
3
```

　csvkitの一部として含まれているcsvstatでも、各列の一意な値の数を調べられます。

```
$ csvstat data/investments2.csv --unique
  1. company_permalink: 27342
  2. company_name: 27324
  3. company_category_list: 8759
  4. company_market: 443
  5. company_country_code: 150
  6. company_state_code: 147
  7. company_region: 1079
  8. company_city: 3305
  9. investor_permalink: 11176
 10. investor_name: 11135
 11. investor_category_list: 468
 12. investor_market: 134
 13. investor_country_code: 111
 14. investor_state_code: 80
 15. investor_region: 549
 16. investor_city: 1198
 17. funding_round_permalink: 41790
 18. funding_round_type: 13
 19. funding_round_code: 15
 20. funded_at: 3595
 21. funded_month: 295
 22. funded_quarter: 121
```

```
23. funded_year: 34
24. raised_amount_usd: 6143
```

一意な値の数がデータセットの行数と比べて少ない場合、その列はカテゴリ変数として扱える可能性があります（たとえば、funding_round_type）。一意な値の数が行数と等しいなら、一意な識別子になっている可能性があります（たとえば、company_permalink）。

7.3　記述統計の計算

7.3.1　csvstatの使い方

コマンドラインツールのcsvstatは、さまざまな情報をもたらしてくれます。csvstatは、各列について、次の情報を表示します。

- Pythonの用語法におけるデータ型（PythonとSQLのデータ型の対照表となっている表7-1を参照してください）
- 欠損値（Null）の有無
- 一意な値の数
- 記述統計に意味のある列のさまざまな記述統計値（最大値、最小値、合計、平均、標準偏差、中央値）

csvstatは、次のようにして起動します。

```
$ csvstat data/datatypes.csv
  1. a
    <type 'int'>
    Nulls: False
    Values: 2, 66, 42
  2. b
    <type 'float'>
    Nulls: True
    Values: 0.0, 3.1415
  3. c
    <type 'bool'>
    Nulls: False
```

```
        Unique values: 2
        5 most frequent values:
            False: 2
            True: 1
    4. d
        <type 'unicode'>
        Nulls: False
        Values: 2198, "Yes!", Oh, good
    5. e
        <type 'datetime.datetime'>
        Nulls: True
        Values: 2011-11-11 11:00:00, 2014-09-15 00:00:00
    6. f
        <type 'datetime.date'>
        Nulls: True
        Values: 2012-09-08, 1970-12-06
    7. g
        <type 'datetime.time'>
        Nulls: True
        Values: 12:34:00, 12:07:00

Row count: 3
```

　この方法では、非常に多くの出力が表示されます。簡潔な出力を見たい場合には、統計オプションを指定します。

- `--max`（最大値）
- `--min`（最小値）
- `--sum`（合計）
- `--mean`（平均）
- `--median`（中央値）
- `--stdev`（標準偏差）
- `--null`（列に欠損値が含まれるか否か）
- `--unique`（一意な値の数）

7.3 記述統計の計算 | 123

- --freq（頻出値）

- --len（値の長さの最大値）

たとえば、次の通りです。

```
$ csvstat data/datatypes.csv --null
  1. a: False
  2. b: True
  3. c: False
  4. d: False
  5. e: True
  6. f: True
  7. g: True
```

-c オプションを指定すれば、列のサブセットを選択できます。整数と列名の両方を受け付けます。

```
$ csvstat data/investments2.csv -c 2,13,19,24
  2. company_name
    <type 'unicode'>
    Nulls: True
    Unique values: 27324
    5 most frequent values:
            Aviir: 13
            Galectin Therapeutics: 12
            Rostima: 12
            Facebook: 11
            Lending Club: 11
    Max length: 66
 13. investor_country_code
    <type 'unicode'>
    Nulls: True
    Unique values: 111
    5 most frequent values:
            USA: 20806
            GBR: 2357
            DEU: 946
            CAN: 893
            FRA: 737
    Max length: 15
 19. funding_round_code
```

```
        <type 'unicode'>
        Nulls: True
        Unique values: 15
        5 most frequent values:
                a: 7529
                b: 4776
                c: 2452
                d: 1042
                e: 384
        Max length: 10
    24. raised_amount_usd
        <type 'int'>
        Nulls: True
        Min: 0
        Max: 3200000000
        Sum: 359891203117
        Mean: 10370010.1748
        Median: 3250000
        Standard Deviation: 38513119.1802
        Unique values: 6143
        5 most frequent values:
                10000000: 1159
                1000000: 1074
                5000000: 1066
                2000000: 875
                3000000: 820
    Row count: 41799
```

`csvstat`は、`csvsql`と同様に、データ型の判定には経験則を使っているので、かならずしも正しい答えを返してくるわけではないことに注意してください。前節で説明したように、かならずマニュアルで確かめることをお勧めします。また、型が文字列や整数であっても、それだけではどのように値を扱うべきかはわからないことにも注意する必要があります。ありがたいことに、`csvstat`は最後にデータポイントの数を出力します。値のなかの改行とカンマは正しく処理されます。出力のなかのデータポイント数の行だけを見たい場合は、`tail`が使えます。

```
$ csvstat data/iris.csv | tail -n 1
Row count: 150
```

また、データポイント数の数値だけを出力したい場合には、たとえば、次のような`sed`コマンドを使って数値を抜き出すとよいでしょう。

```
$ csvstat data/iris.csv | sed -rne '${s/^([^:]+): ([0-9]+)$/\2/;p}'
150
```

7.3.2　Rio によってコマンドラインから R を実行する方法

　この節では、Rio というコマンドラインツールを紹介します。Rio は、統計プログラミング環境 R の薄い、しゃれたラッパーです。Rio が何をしてくれるのか、なぜそういうものがあるのかについて説明する前に、R 自体について少し話しておきましょう。

　R は、データを分析したり可視化イメージを作ったりするときに非常に大きな力を発揮する統計ソフトウェアパッケージです。R はインタープリタ言語で、膨大なパッケージのコレクションを抱え、コマンドラインと同様にデータをいじれる独自の REPL を提供しています。残念ながら、R は、コマンドラインからきっぱりと切り離されています。R を起動すると、まったく別の環境に入ります。データをパイプに送り込んだり、1 行プログラムをサポートしたりといったことができないため、コマンドラインとの相性はよくありません。

　たとえば、data/tips.csv という CSV ファイルがあり、チップ率を計算して結果を保存したいものとします。R でこの課題を解こうとする場合、まず R を起動することになります。

```
$ R
```

そして、次のコマンドを実行します。

```
> tips <- read.csv('data/tips.csv', header = T, sep = ',', stringsAsFactors = F)
> tips.percent <- tips$tip / tips$bill * 100
> cat(tips.percent, sep = '\n', file = 'data/percent.csv')
> q("no")
```

　その後、コマンドラインでは保存した data/percent.csv ファイルを引き続き操作することができます。注意したいのは、実際にしたいことと関連のあるコマンドは 1 つだけで、ほかのコマンドは決まり文句でしかないということです。単純なことをするためにいちいちこの決まり文句を入力するのは煩わしいことですし、ワークフローが寸断されてしまいます。データに対して 1 度にしたいことが 1 つか 2 つしかないことがあります。そのようなときに、コマンドラインから R のパワーを活用できればすばらしいのではないでしょうか。

Rioの出番はそのようなときです。Rioという名前は「R input/output」に由来しています。Rioを使えば、コマンドライン上のフィルタとしてRを使えるようになるからです。単純にCSVデータをパイプでRioに流し、そのデータを処理するRコマンドを指定するだけです。それでは、Rioを使って先ほどと同じことをしてみましょう。

```
$ < data/tips.csv Rio -e 'df$tip / df$bill * 100' | head
5.944673
16.05416
16.65873
13.97804
14.68076
18.62396
22.80502
11.60714
13.03191
21.85386
```

Rioは、セミコロンで区切られた複数のRコマンドを実行できます。そこで、たとえば入力データにpercentという列を追加したければ、次のようにします。

```
$ < data/tips.csv Rio -e 'df$percent <- df$tip / df$bill * 100; df' | head
bill,tip,sex,smoker,day,time,size,percent
16.99,1.01,Female,No,Sun,Dinner,2,5.94467333725721
10.34,1.66,Male,No,Sun,Dinner,3,16.0541586073501
21.01,3.5,Male,No,Sun,Dinner,3,16.6587339362208
23.68,3.31,Male,No,Sun,Dinner,2,13.9780405405405
24.59,3.61,Female,No,Sun,Dinner,4,14.6807645384303
25.29,4.71,Male,No,Sun,Dinner,4,18.6239620403321
8.77,2,Male,No,Sun,Dinner,2,22.8050171037628
26.88,3.12,Male,No,Sun,Dinner,4,11.6071428571429
15.04,1.96,Male,No,Sun,Dinner,2,13.031914893617
```

こういった小さな1行プログラムが可能なのは、Rioが決まり文句の部分をすべて処理してくれるからです。このような目的でコマンドラインを使え、1行プログラムにRのパワーを注入できるのは、特にコマンドラインで作業を続けたいときには、とても魅力的です。Rioは、入力データがヘッダー付きのCSV形式になっていることを前提としています（-nオプションを指定すれば、Rioは第1行をヘッダーと見なさず、デフォルトの列名を作ります）。Rioは、水面下でパイプから流れてきたデータを一時CSVファイルに書き込み、以下のことを行うスクリプトを作ります。

- 必要なパッケージのインポート
- CSVファイルのdata.frameへのロード
- 必要なときのggplot2オブジェクトの生成（このオブジェクトについては、次節で詳しく説明します）
- 指定されたコマンドの実行
- 最後のコマンドが返してきた結果の標準出力への出力

　そういうわけで、Rでデータセットに1、2個の簡単な処理を実行したい場合には、それを1行プログラムにすれば、コマンドラインで作業を続けられるわけです。Rについて今持っている知識は、すべてコマンドラインから活用できます。Rioを使えば、この章で後述するように、洗練された可視化イメージを作ることさえできます。

　Rioはフィルタとして使わなければならないわけではありません。出力は、CSV形式である必要はないのです。Rioを使えば、さまざまな記述統計を計算することもできます。

```
$ < data/iris.csv Rio -e 'mean(df$sepal_length)'
5.843333
$ < data/iris.csv Rio -e 'sd(df$sepal_length)'
0.8280661
$ < data/iris.csv Rio -e 'sum(df$sepal_length)'
876.5
```

5つの要約統計量を計算したければ、次のようにします。

```
$ < data/iris.csv Rio -e 'summary(df$sepal_length)'
   Min. 1st Qu. Median   Mean 3rd Qu.  Max.
  4.300   5.100  5.800  5.843   6.400 7.900
```

歪度（分布の非対称性）や尖度（分布の峰の鋭さ）を計算することもできますが、その場合は moments パッケージをインストールしておく必要があります。

```
$ < data/iris.csv Rio -e 'skewness(df$sepal_length)'
$ < data/iris.csv Rio -e 'kurtosis(df$petal_width)'
```

2列の間の相関は次のようにして計算します。

```
$ < dat/iris.csv Rio -e 'cor(df$bill, df$tip)'
0.6757341
```

相関行列さえ作ることができます。

```
$ < data/tips.csv csvcut -c bill,tip | Rio -f cor | csvlook
|--------------------+--------------------|
|  bill              |  tip               |
|--------------------+--------------------|
|  1                 |  0.675734109211365 |
|  0.675734109211365 |  1                 |
|--------------------+--------------------|
```

-fオプションを付けると、data.frame dfに適用する関数を指定できることに注意してください。この場合は、-e cor（df）を指定するのと同じ意味になります。

Rioを使えば、ステムプロット（Tukey、1977）さえ作ることができます。

```
$ < data/iris.csv Rio -e 'stem(df$sepal_length)'

  The decimal point is 1 digit(s) to the left of the |

  42 | 0
  44 | 0000
  46 | 000000
  48 | 00000000000
  50 | 0000000000000000000
  52 | 00000
  54 | 0000000000000
  56 | 00000000000000
  58 | 0000000000
  60 | 000000000000
  62 | 0000000000000
  64 | 000000000000
  66 | 0000000000
  68 | 0000000
  70 | 00
  72 | 0000
  74 | 0
  76 | 00000
  78 | 0
```

7.4 可視化イメージの作成

この節では、コマンドラインで可視化イメージを作る方法を説明します。ここでは、Gnuplot と ggplot2 の 2 つのソフトウェアパッケージを見ていきます。まず、両パッケージを紹介してから、2 つを使って複数の異なるタイプの視覚化イメージを作る方法を具体的に示していきます。

7.4.1 Gnuplot と feedGnuplot

この章で取り上げる 1 つ目の視覚化イメージ作成用パッケージは、1986 年頃からある Gnuplot です。比較的古いソフトウェアでありながら、その視覚化の能力はかなり高いものです。そのため、本来なら 1 つの節ではとても説明しきれません。Janert の『Gnuplot in Action』（2009、和書未刊）を始めとして、すでに優れた参考書が出ています。

Gnuplot の柔軟性と古風な記法の例として、Gnuplot の Web サイト[†]からコピーしてきた例 7-1 を見てみましょう。

例 7-1　Gnuplot を使ったヒストグラムの作成

```
# set terminal pngcairo transparent enhanced font "arial,10" fontscale 1.0 size
# set output 'histograms.6.png'
set border 3 front linetype -1 linewidth 1.000
set boxwidth 0.75 absolute
set style fill solid 1.00 border lt -1
set grid nopolar
set grid noxtics nomxtics ytics nomytics noztics nomztics \
 nox2tics nomx2tics noy2tics nomy2tics nocbtics nomcbtics
set grid layerdefault linetype 0 linewidth 1.000, linetype 0 linewidth 1.000
set key outside right top vertical Left reverse noenhanced autotitles columnhead
set style histogram columnstacked title offset character 0, 0, 0
set datafile missing '-'
set style data histograms
set xtics border in scale 1,0.5 nomirror norotate offset character 0, 0, 0 auto
set xtics norangelimit
set xtics ()
set ytics border in scale 0,0 mirror norotate offset character 0, 0, 0 autojust
set ztics border in scale 0,0 nomirror norotate offset character 0, 0, 0 autoju
set cbtics border in scale 0,0 mirror norotate offset character 0, 0, 0 autojus
set rtics axis in scale 0,0 nomirror norotate offset character 0, 0, 0 autojust
set title "Immigration from Northern Europe\n(columstacked histogram)"
```

[†] http://Gnuplot.sourceforge.net/demo/histograms.6.gnu

例 7-1　Gnuplot を使ったヒストグラムの作成（続き）

```
set xlabel "Country of Origin"
set ylabel "Immigration by decade"
set yrange [ 0.00000 : * ] noreverse nowriteback
i = 23
plot 'immigration.dat' using 6 ti col, '' using 12 ti col, '' using 13 ti c
```

このリストは 80 字幅で切り取られていることに注意してください。このスクリプトからは、図 7-1 のようなプロットが生成されます。

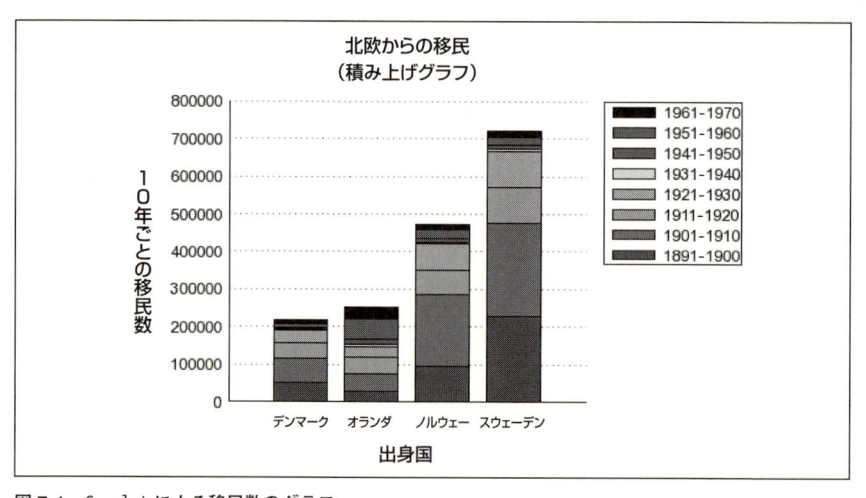

図 7-1　Gnuplot による移民数のグラフ

　Gnuplot は、今まで使ってきたほとんどのコマンドラインツールとは 2 つの点で異なります。1 つは、コマンドライン引数ではなく、スクリプトを使うこと、もう 1 つは、出力がかならずファイルに書き込まれ、標準出力に表示されないことです。

　Gnuplot が長い間使われてきたすばらしい利点（私たちが本書でこのツールを取り上げた理由もこれですが）は、コマンドライン用の視覚化イメージを作れることです。つまり、GUI を必要とせず、ターミナルに出力を表示することができるのです。ただし、その場合でも、スクリプトの準備が必要です。

　幸い、Gnuplot 用スクリプトのセットアップを手伝ってくれる feedGnuplot（Kogan、2014）というコマンドラインツールがあります。feedGnuplot は、コマンドラインパラメータで完全に制御可能です。しかも、標準入力からのデータを読み込みます。

ggplot2 を紹介したあとで、feedGnuplot を使って視覚化イメージをいくつか作ってみるつもりです。

feedGnuplot には、ストリーミングデータのグラフを書けるという優れた機能があります。次に示すのは、ランダムな入力データに基いて継続的に更新されるグラフのスナップショットです。

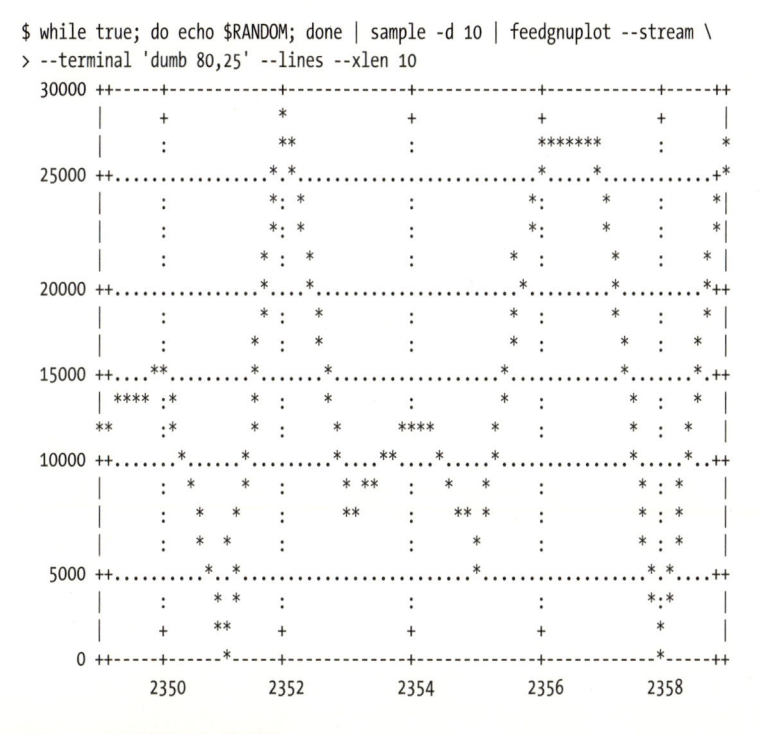

```
$ while true; do echo $RANDOM; done | sample -d 10 | feedgnuplot --stream \
> --terminal 'dumb 80,25' --lines --xlen 10
30000 ++-----+------------+------------+------------+------------+-----++
      |      +            *            +            +            +     |
      |      :            **           :      *******            :     *
25000 ++............*.*..................*........*..............+....*
      |      :      *: *           :            *:      *        :    *|
      |      :      *: *           :            *:      *        :    *|
      |      :      *: *           :      *     *        *       :    *|
20000 ++.....*.....*............*...........*...........*........+...*++
      |      :      *: *           :            *          *     :    *|
      |      :      *: *           :            *          *     :    *|
15000 ++....**......*..............*...............*..............*.*.++
      |**** :*      *     *        *      *     *            *   :    *|
      |**   :*      *     *        *    ****    :            *   :    *|
10000 ++....*.......*.....*........**........*..........*.........*:.*++
      |     :       *     *              * **          *:  *      *: * |
      |     :       *     *              :             *:  *      *: * |
      |     :       *     *              :    *        *:  *      *: * |
 5000 ++....*.......*..................................*............*++
      |     :       * *                  :                *:*         |
      |     :       **     +             +             +   *           |
    0 ++-----+------*-----+------------+------------+------------*-----++
           2350         2352         2354         2356         2358
```

7.4.2　ggplot2 入門

ggplot2 は、Gnuplot よりも新しい視覚化イメージ作成用パッケージで、R でグラフィックスの文法を実装したものです（Wickham、2009）。

グラフィックスの文法と妥当なデフォルトの採用により、ggplot2 コマンドは一般に短く、高い表現力を持ちます。Rio と併用すると、コマンドラインから視覚化イメージを作れる非常に便利なツールとして使えます。

ggplot2 の表現力を示すために、Rio の助けを借りて Gnuplot で先ほど作ったのと同じヒストグラムを改めて作ってみましょう。Rio はデータセットがカンマ区切りに

なっていることを前提としており、ggplot2 はデータが long 形式になっていることを前提としているので、最初にデータを少し洗浄、変換しなければなりません。

```
$ < data/immigration.dat sed -re '/^#/d;s/\t/,/g;s/,-,/,0,/g;s/Region/'\
> 'Period/' | tee data/immigration.csv | head | cut -c1-80
Period,Austria,Hungary,Belgium,Czechoslovakia,Denmark,France,Germany,Greece,Irel
1891-1900,234081,181288,18167,0,50231,30770,505152,15979,388416,651893,26758,950
1901-1910,668209,808511,41635,0,65285,73379,341498,167519,339065,2045877,48262,1
1911-1920,453649,442693,33746,3426,41983,61897,143945,184201,146181,1109524,4371
1921-1930,32868,30680,15846,102194,32430,49610,412202,51084,211234,455315,26948,
1931-1940,3563,7861,4817,14393,2559,12623,144058,9119,10973,68028,7150,4740,3960
1941-1950,24860,3469,12189,8347,5393,38809,226578,8973,19789,57661,14860,10100,1
1951-1960,67106,36637,18575,918,10984,51121,477765,47608,43362,185491,52277,2293
1961-1970,20621,5401,9192,3273,9201,45237,190796,85969,32966,214111,30606,15484,
```

sed の条件式は、セミコロンで区切られた 4 つの部分から構成されます。

1. コメント（#）記号を先頭とする行の削除
2. タブからカンマへの変換
3. ダッシュ（欠損値）の 0 への変更
4. 列名 Region を PeRiod へ変更

次に、csvcut を使って必要な列だけを選択し、そのあとで Rio と R の reshape2 パッケージの一部である melt 関数を使ってデータを wide 形式から long 形式に変換します。

```
$ < data/immigration.csv csvcut -c Period,Denmark,Netherlands,Norway,\
> Sweden | Rio -re 'melt(df, id="Period", variable.name="Country", '\
> 'value.name="Count")' | tee data/immigration-long.csv | head | csvlook
|------------+--------------+--------|
|   Period   |   Country    |  Count |
|------------+--------------+--------|
|  1891-1900 |   Denmark    |  50231 |
|  1901-1910 |   Denmark    |  65285 |
|  1911-1920 |   Denmark    |  41983 |
|  1921-1930 |   Denmark    |  32430 |
|  1931-1940 |   Denmark    |   2559 |
|  1941-1950 |   Denmark    |   5393 |
|  1951-1960 |   Denmark    |  10984 |
|  1961-1970 |   Denmark    |   9201 |
```

7.4 可視化イメージの作成

```
| 1891-1900  | Netherlands | 26758  |
|------------+-------------+--------|
```

そして、ggplot2 可視化イメージを組み立てる式を指定して Rio を再び実行します。

```
$ < data/immigration-long.csv Rio -ge 'g + geom_bar(aes(Country, Count,'\
> ' fill=Period), stat="identity") + scale_fill_brewer(palette="Set1") '\
> '+ labs(x="Country of origin", y="Immigration by decade", title='\
> '"Immigration from Northern Europe\n(columstacked histogram)")' | display
```

-g オプションは、Rio が ggplot2 パッケージをロードしなければならないことを指定します。出力は、PNG 形式のイメージです（図 7-2）。PNG イメージは、ImageMagick（ImageMagick Studio LLC、2009）の一部になっている display コマンドで表示できます。また、出力を PNG ファイルにリダイレクトすることもできます。リモートターミナルで作業をしている場合には、おそらくグラフィックスを見ることはできないでしょう。この問題は、ある特定のディレクトリからウェブサーバーを起動すれば解決できます。

```
$ python -m SimpleHTTPServer 8000
```

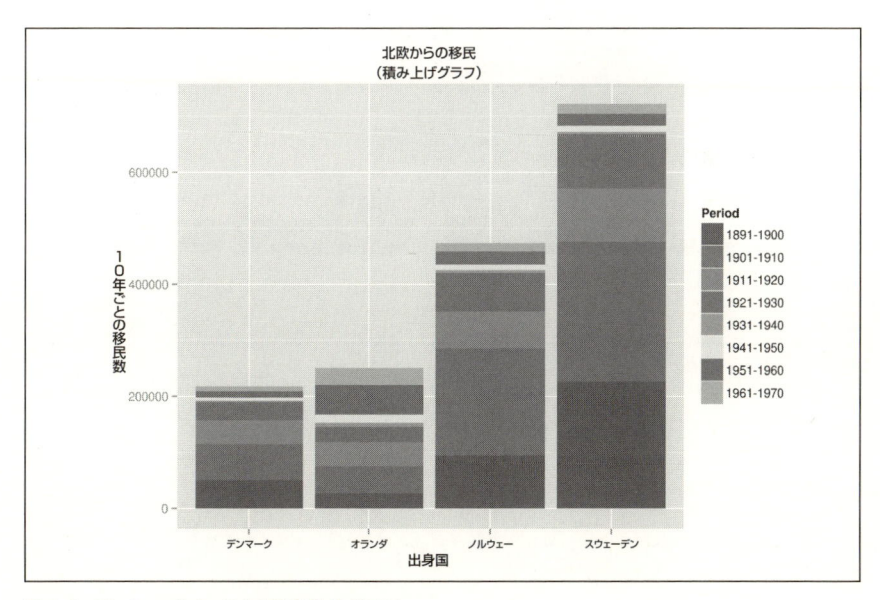

図 7-2　Rio と ggplot2 による移民数のグラフ

かならずポート（この場合は8000）にアクセスできるようにしてください。ウェブサーバーを起動したディレクトリにPNGファイルを保存すれば、Webブラウザでhttp://localhost:8000/file.pngに行くだけでイメージを見ることができます。

7.4.3 ヒストグラム

Rioを使う場合（図7-3）。

```
$ < data/tips.csv Rio -ge 'g+geom_histogram(aes(bill))' | display
```

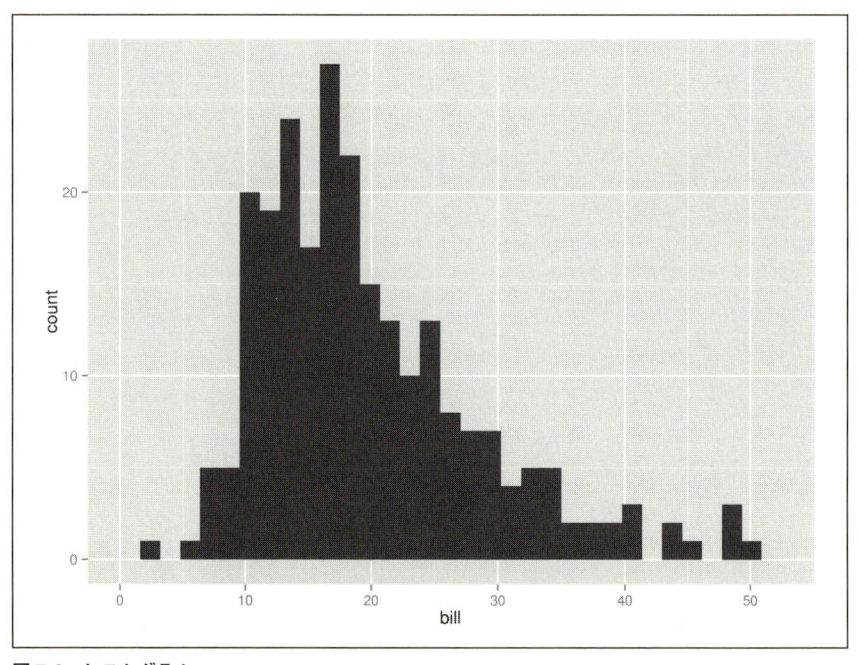

図7-3 ヒストグラム

feedGnuplot を使う場合。

```
$ < data/tips.csv csvcut -c bill | feedgnuplot --terminal 'dumb 80,25' \
> --histogram 0 --with boxes --ymin 0 --binwidth 1.5 --unset grid --exit
```

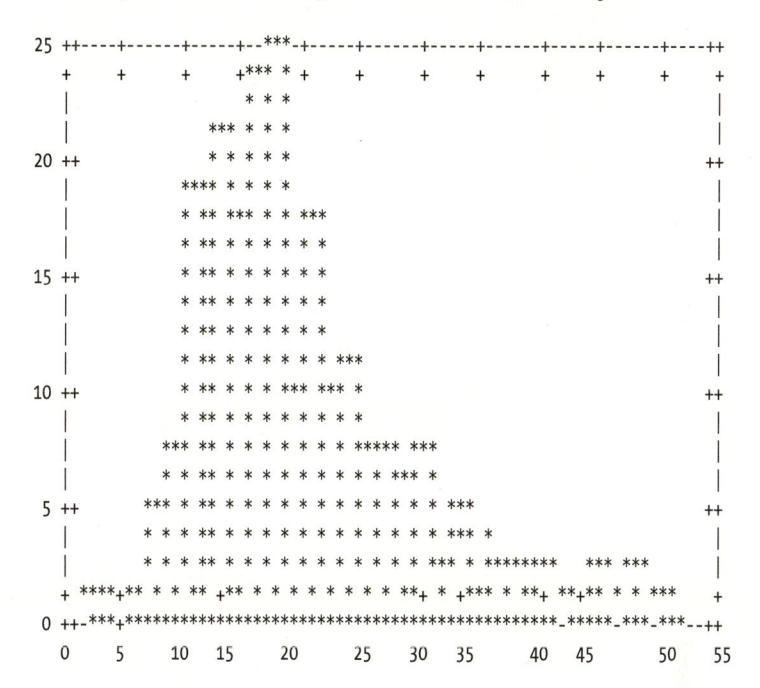

```
 25 ++----+------+-----+--***-+-----+------+-----+------+-----+------+----++
    +      +     +    +*** * +     +      +     +      +     +      +     +
    |               *  * *                                                 |
    |              *** * *                                                 |
 20 ++             * * * *                                                ++
    |             **** * * *                                               |
    |             * ** *** * * ***                                         |
    |             * ** * * * * *                                           |
 15 ++            * ** * * * * *                                          ++
    |             * ** * * * * *                                           |
    |             * ** * * * * *                                           |
    |             * ** * * * * * ***                                       |
 10 ++            * ** * * * *** *** *                                    ++
    |             * ** * * * * * *                                         |
    |            *** ** * * * * * * ***** ***                              |
    |            * * * ** * * * * * * *** *                                |
  5 ++          *** * ** * * * * * * * * *  ***                           ++
    |           *  * ** *  * * * * * * * *** *                             |
    |          * * ** * * * * * * * * *** *  ******** *** ***              |
    + ****+** * * * +** * * * * * * * **+ *  +*** * **+ **+** * * ***      +
  0 ++--***-+********************************-*****-***-***--++
    0      5     10    15     20    25     30    35     40    45     50    55
```

7.4.4 棒グラフ

Rio を使う場合（図 7-4）。

```
$ < data/tips.csv Rio -ge 'g+geom_bar(aes(factor(size)))' | display
```

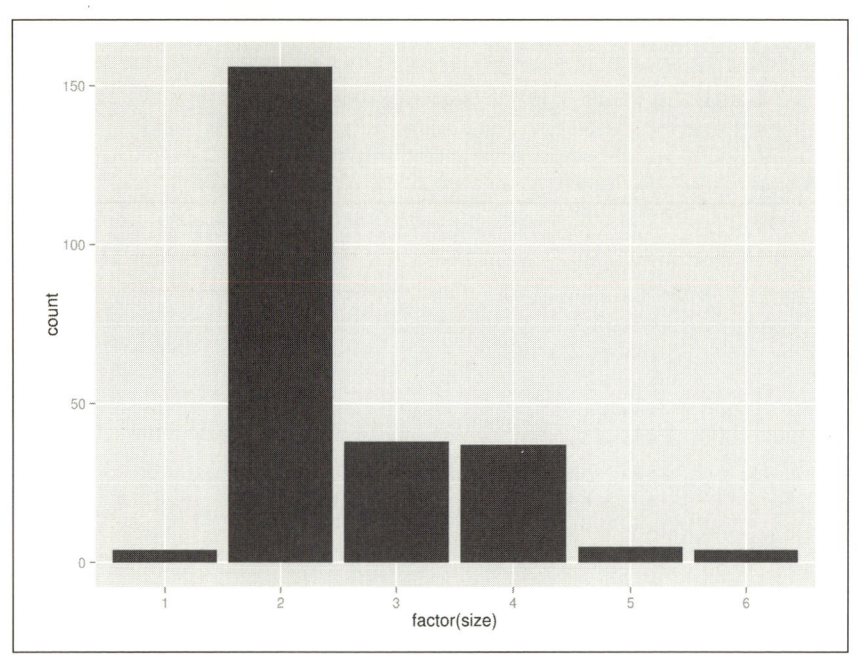

図 7-4　棒グラフ

feedGnuplot を使う場合。

```
$ < data/tips.csv | csvcut -c size | header -d | feedgnuplot --terminal \
> 'dumb 80,25' --histogram 0 --with boxes --unset grid --exit
```

```
 160 ++--------+----***********----+---------+---------+---------+--------++
       +           *        *      +         +         +         +         +
 140 ++           *        *                                              ++
     |            *        *                                               |
     |            *        *                                               |
 120 ++           *        *                                              ++
     |            *        *                                               |
 100 ++           *        *                                              ++
     |            *        *                                               |
     |            *        *                                               |
  80 ++           *        *                                              ++
     |            *        *                                               |
  60 ++           *        *                                              ++
```

```
   |                *       *                                          |
   |                *       *                                          |
40 ++               *       **********************                   ++
   |                *       *                                          |
   |                *       *        *        *                        |
20 ++               *       *        *        *                       ++
   |                *       *        *        *                        |
   |                *       *        *        *                        |
   +       **********       +   *    +   *    +   **********************+
 0 ++---*************************************************************--++
   0            1            2            3            4            5            6            7
```

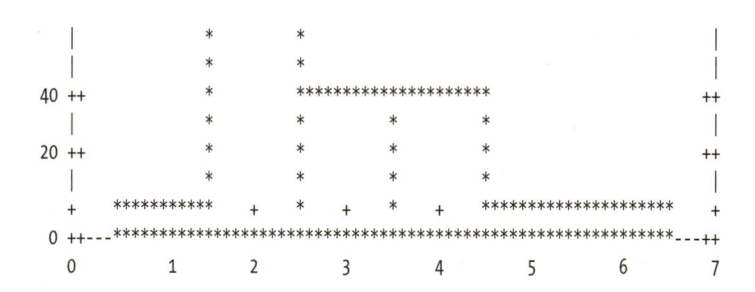

7.4.5 密度プロット

Rio を使う場合（図 7-5）。

```
$ < data/tips.csv Rio -ge 'g+geom_density(aes(tip / bill * 100, fill=sex), '\
> 'alpha=0.3) + xlab("percent")' | display
```

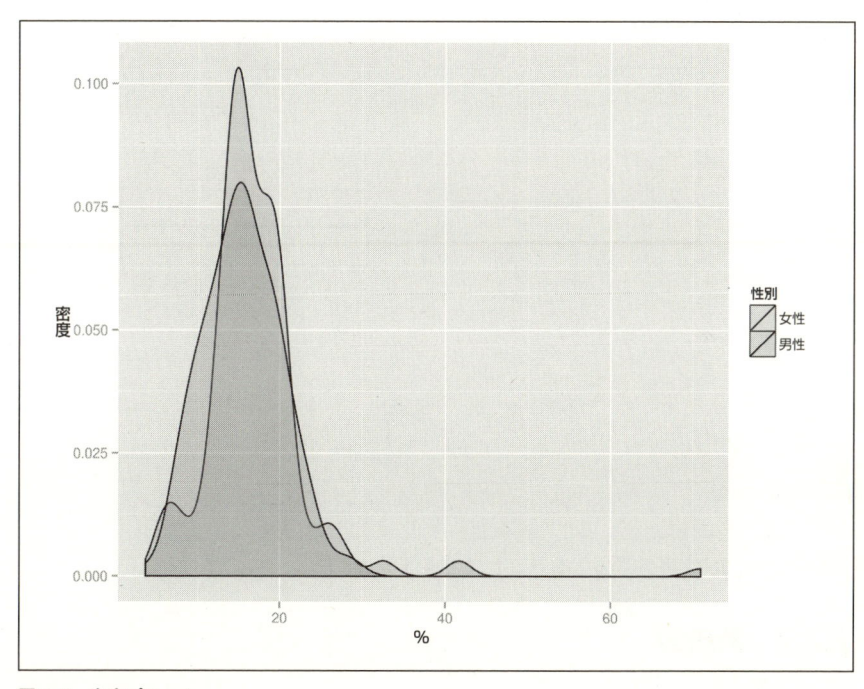

図 7-5　密度プロット

feedGnuplotは密度プロットを作れないので、ただのヒストグラムを生成するのがよいでしょう。

7.4.6　箱ひげ図

Rioを使う場合。

```
$ < data/tips.csv Rio -ge 'g+geom_boxplot(aes(time, bill))' | display
```

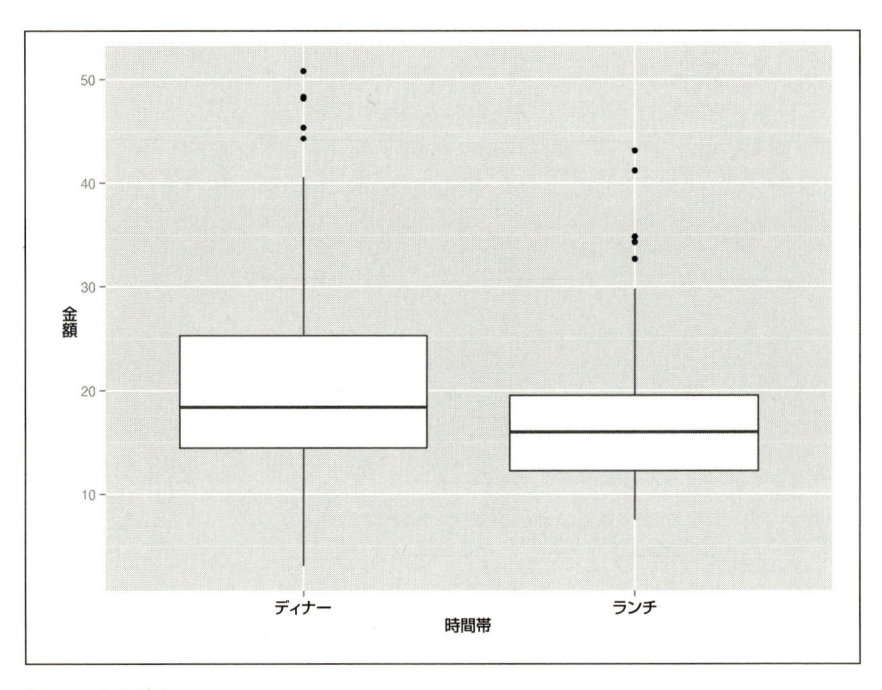

図7-6　箱ひげ図

feedGnuplotで箱ひげ図を描くことはできません。

7.4.7　散布図

Rioを使う場合（図7-7）。

```
$ < data/tips.csv Rio -ge 'g+geom_point(aes(bill, tip, color=time))' | display
```

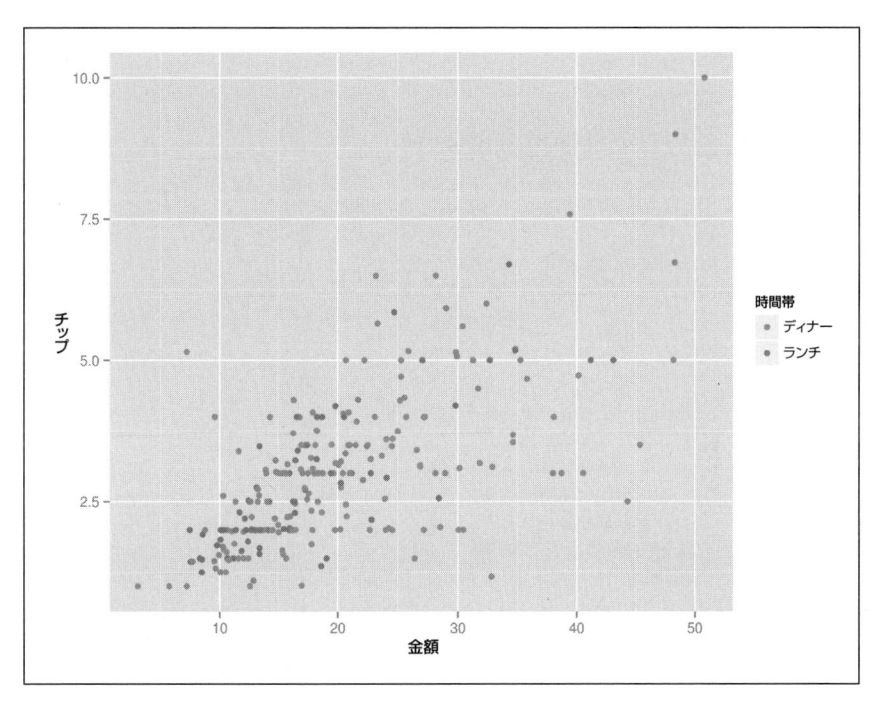

図 7-7　散布図

feedGnuplot を使う場合。

```
$ < data/tips.csv csvcut -c bill,tip | tr ' ' ' ' | header -d | feedgnuplot \
> --terminal 'dumb 80,25' --points --domain --unset grid --exit --style pt 14
```

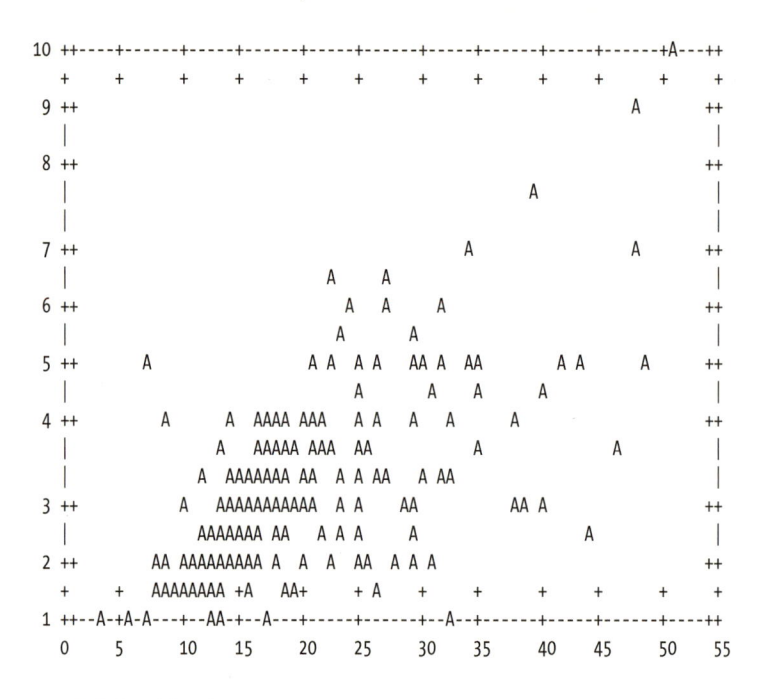

```
 10 ++----+-----+------+-----+-----+-----+------+-----+-----+A---++
     +    +    +     +     +    +    +    +     +     +    +
  9 ++                                                   A        ++
    |                                                             |
  8 ++                                                             ++
    |                                    A                        |
    |                                                             |
  7 ++                                A              A            ++
    |                 A    A                                      |
  6 ++                    A  A                                    ++
    |                    A   A                                    |
  5 ++    A            A A  A A  AA A  AA        A A       A     ++
    |                            A   A    A                       |
  4 ++        A     A  AAAA AAA  A A   A    A              A      ++
    |             A   AAAAA AAA  AA      A        A              |
    |            A AAAAAAA AA  A AA    A AA                      |
  3 ++         A  AAAAAAAAAAA  A A   AA        AA A              ++
    |            AAAAAAA AA   A A A    A            A            |
  2 ++    AA AAAAAAAAA A   A   AA  A A A                         ++
     +    +   AAAAAAAA +A    AA+    + A    +     +     +    +
  1 ++--A-+A-A---+--AA-+--A---+-----+----+--A--+-----+-----+----++
     0    5    10    15    20   25   30   35    40    45   50   55
```

7.4.8 折れ線グラフ

Rio を使う場合（図 7-8）。

```
$ < data/immigration-long.csv Rio -ge 'g+geom_line(aes(x=Period, '\
> 'y=Count, group=Country, color=Country)) + theme(axis.text.x = '\
> 'element_text(angle = -45, hjust = 0))' | display
```

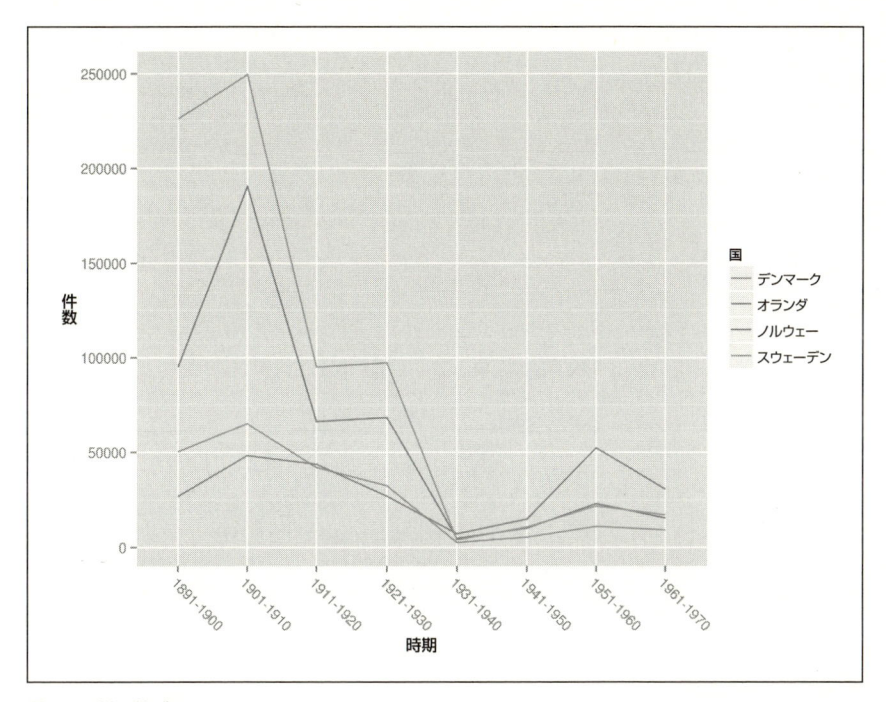

7.4 可視化イメージの作成 | **141**

図7-8 折れ線グラフ

Periodを使う場合。

```
$ < data/immigration.csv csvcut -c Period,Denmark,Netherlands,Norway,Sweden |
> header -d | tr ',' ' ' | feedgnuplot --terminal 'dumb 80,25' --lines \
> --autolegend --domain --legend 0 "Denmark" --legend 1 "Netherlands" \
> --legend 2 "Norway" --legend 3 "Sweden" --xlabel "Period" --unset grid --exit
```

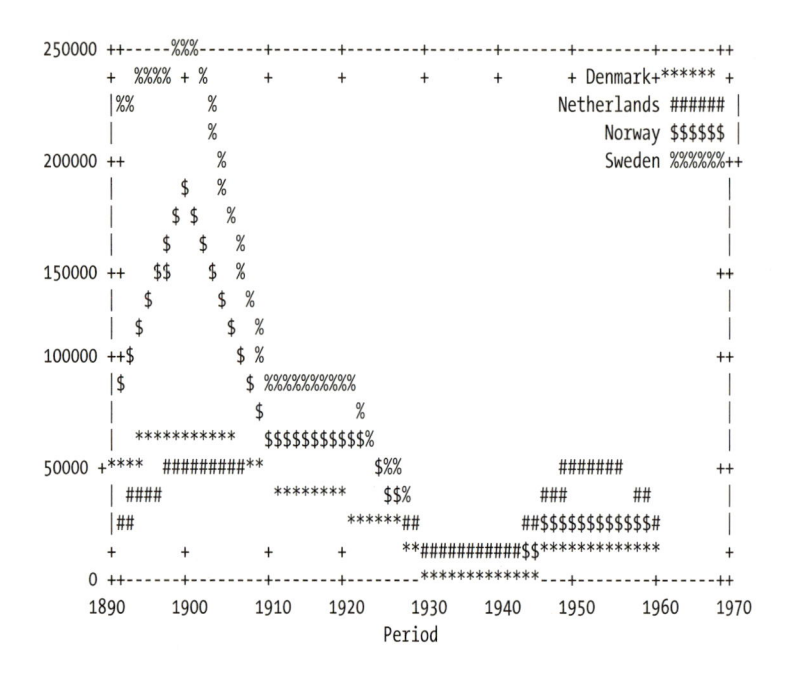

```
250000 ++------%%%-------+--------+--------+--------+--------+-------++
       +      %%%% + %        +        +        +   + Denmark+****** +
       |%%          %                               Netherlands ###### |
       |            %                                  Norway $$$$$$ |
200000 ++           %                                  Sweden %%%%%%++
       |      $     %                                                 |
       |      $ $    %                                                |
       |      $  $    %                                               |
150000 ++    $$    $   %                                             ++
       |     $      $   %                                             |
       |    $        $   %                                            |
100000 ++$           $ %                                             ++
       |$              $ %%%%%%%%%%                                   |
       |                $       %                                     |
       |   ************  $$$$$$$$$$$%                                 |
 50000 +****   ##########**      $%%              #######            ++
       |    ####         ********  $$%            ###      ##         |
       |##                    ******##        ##$$$$$$$$$$$$$#        |
       +         +        +        +   **###########$$************    +
     0 ++------+--------+--------+--------*************---+--------+------++
      1890     1900     1910     1920     1930     1940     1950     1960     1970
                                          Period
```

7.4.9 まとめ

ggplot2-Rio の組み合わせと Gnuplot と feedgnuplot の組み合わせは、それぞれの長所、利点を持っています。Rio が生成するプロットは、明らかに Gnuplot よりもクォリティが格段に上です。ggplot2 は、構文が首尾一貫していて簡潔であり、コマンドラインに向いています。唯一の欠点は、コマンドラインで出力を直接見られないことです。feedGnuplot はその点で役に立ちます。個々のプロットは、コマンドラインパラメータがほぼ同じです。そのため、コマンドラインからコマンドライン用のプロットを生成できる小さな Bash スクリプトを簡単に作れます。所詮、コマンドラインの解像度はごく低いものなので、それほど柔軟性は必要ないのです。

7.5 参考文献

- Wickham, H. (2009). ggplot2: Elegant Graphics for Data Analysis. Springer.

- Janert, P. K. (2009). Gnuplot in Action. Manning Publications.

- Tukey, J. W. (1977). Exploratory Data Analysis. Pearson.

8章
並列パイプライン

　今までの章では、タスク全体を1度に処理するコマンド、パイプラインを扱ってきました。しかし、実際には、同じコマンドやパイプラインを何度も実行しなければならない課題にぶつかることがあります。たとえば、次のようなことです。

- 数百ものウェブページをスクレイピングする
- 何十回もAPIを呼び出し、出力を変換する
- 一連のパラメータ値を使って分類器を訓練する
- データセット内のすべての列の対について散布図を生成する

　これらの例には、何らかの形で反復が含まれています。これらの反復は、スクリプト/プログラミング言語では、for、whileループで処理しますが、コマンドラインでは、[Up]キーを押して（前のコマンドが表示されます）、必要に応じてコマンドを書き換え、[Enter]を押す（コマンドを再び実行します）ということを繰り返すことになる場合があります。2、3回までならこれでもよいでしょうが、たとえば何十ものファイルに対してこれを行うことを考えてみてください。こんなやり方ではあっという間にうんざりして非効率だと感じるはずです。

　実は、コマンドラインでもfor、whileループを書くことができます。時間のかからないコマンドを逐次的に実行するなら、それでもよいかもしれません。しかし、特に大量のデータを処理しなければならないような場合、複数のコア（あるいは複数のマシン）があるなら、それを利用した方がよいでしょう。複数のコア、マシンを使えば、

処理時間全体を大幅に短縮できることがあります。この章では、今説明した課題を解決してくれる GNU parallel という非常に強力なツールを紹介します。GNU parallel を使えば、パラメータとして一定範囲の数値、行、ファイルなどを指定したコマンド、パイプラインを実行できます。しかも、それらのコマンドを並列実行できるのです。

8.1 概要

この幕間の章では、コマンドやパイプラインを何度も実行しなければならない処理をスピードアップさせるためのアプローチをいくつか取り上げます。この章の最大の目的は、GNU parallel というツールの柔軟性と威力を読者のみなさんに実感していただくことです。このツールは、本書で取り上げたほかのあらゆるツールと併用できるので、データサイエンスのためのコマンドラインの使い方をいい方向に変えてくれるはずです。この章では、以下のことについて学びます。

- 一定範囲の数値、行、ファイルを対象として逐次的（シリアル）にコマンドを実行する方法
- GNU parallel を使ってパイプラインを並列（パラレル）実行する方法
- 複数のマシンを使ったパイプラインの分散実行の方法

8.2 逐次処理

並列実行に飛び込む前に、逐次的な反復実行の方法を見ておきましょう。この方法はいつでも使える上、構文はほかのプログラミング言語のループとよく似ており、GNU parallel の真価も感じられるので、知っていて損はありません。

この章の冒頭で示した例のとおり、反復処理の対象となる項目は、数値、行、ファイルの3種類にわけることができます。以下の節では、これら3種類の項目を順に取り上げていきます。

8.2.1 数値を対象とする反復処理

0 から 100 までのすべての偶数の自乗を計算することを考えましょう。これにはコマンドライン上の電卓と言うことができる bc というツールが使えます。bc には計算式をパイプで送り込むことができます。

```
$ echo "4^2" | bc
16
```

1度だけの計算なら、これで万全です。しかし、冒頭でも触れたように、51回も [Up] を押して数値を書き換え、[Enter] を押すのでは参ってしまいます。この場合、for ループを使って面倒な仕事は Bash に任せてしまう方が得策です。

```
$ for i in {0..100..2}       ❶
> do
> echo "$i^2" | bc           ❷
> done | tail                ❸
6724
7056
7396
7744
8100
8464
8836
9216
9604
10000
```

ここでは、さまざまなことが行われています。

❶ Bash にはブレース展開と呼ばれる機能があり、{0..100..2} はスペース区切りの 0 2 4 ... 98 100 というリストに変換されます。

❷ 変数 i には、最初のイテレーションで 0、2度目のイテレーションで 2 というように値が代入されます。この変数の値は、前にドル記号（$）を付ければコマンドのなかで使えます。シェルは、echo を実行する前に、$i をその値に置き換えます。do と done の間には複数のコマンドを入れられることに注意してください。

❸ for ループの出力をパイプで tail に渡して、最後の 10 個の値だけを表示しています。

あなたが普段使っているプログラミング言語と比べて構文がちょっと変な感じがするかもしれませんが、Bash シェルに入ってさえいればいつでも利用できるので、覚

えておく価値はあります。しかし、すぐあとで、コマンドを反復実行するための方法として、もっと柔軟で優れたものを紹介します。

8.2.2　行を対象とする反復処理

　第2のタイプは行に対する反復処理です。行は、ファイルか標準入力から送られてきます。行には、数値、日付、メールアドレスなど、さまざまなものを含ませることができるので、この反復処理は非常に汎用性の高いものです。

　顧客にメールを送りたいものとしましょう。Random User Creator API（http://randomuser.me）を使って、ダミーのユーザーをいくつか作ってみましょう。

```
$ cd ~/book/ch08
$ curl -s "http://api.randomuser.me/?results=5" > data/users.json
$ < data/users.json jq -r '.results[].user.email' > data/emails.txt
$ cat data/emails.txt
kaylee.anderson64@example.com
arthur.baker92@example.com
chloe.graham66@example.com
wyatt.nelson80@example.com
peter.coleman75@example.com
```

　emails.txtから送られてくる行は、whileループで反復処理できます。

```
$ while read line                      ❶
> do
> echo "Sending invitation to ${line}." ❷
> done < data/emails.txt                ❸
Sending invitation to kaylee.anderson64@example.com.
Sending invitation to arthur.baker92@example.com.
Sending invitation to chloe.graham66@example.com.
Sending invitation to wyatt.nelson80@example.com.
Sending invitation to peter.coleman75@example.com.
```

❶　Bashは反復処理の実行前に入力にいくつの行が含まれているかを知らないため、ここではwhileループを使う必要があります。

❷　この場合、line変数を囲む中括弧は不要ですが（変数名にピリオドを含ませることはできないので）、囲む方がグッドプラクティスです。

❸ このリダイレクトは、while の前に入れることもできます。

標準入力を表す特殊ファイル、/dev/stdin を指定すれば、while ループに対話的に入力を送ることもできます。入力を終えるときに、**[Ctrl]-[D]** を押します。

```
$ while read i; do echo "You typed: $i."; done < /dev/stdin
one
You typed: one.
two
You typed: two.
three
You typed: three.
```

ただし、この方法には、**[Enter]** を押すと do と done の間のコマンドがその入力行を対象として直ちに実行されてしまうという欠点があります。

8.2.3　ファイルを対象とするループ

この節では、反復処理が必要になる第3のタイプ、ファイルについて説明します。特殊文字を処理するには、ls ではなく、グローブ展開（パス名展開）を使います。

```
$ for filename in *.csv
> do
> echo "Processing ${filename}."
> done
Processing countries.csv.
```

数値のブレース展開と同様に、*.csv は、for ループに処理される前に、まずファイルリストに展開されます。これよりも高度なファイル検索方法としては、find（Youngman, 2008）があります。このコマンドは、次のことができます。

- サイズ、アクセス時刻、パーミッションなどのプロパティに基づいた凝った検索
- ダッシュの処理
- スペースや改行などの特殊文字の処理

```
$ find data -name '*.csv' -exec echo "Processing {}" \;
Processing data/countries.csv
Processing data/movies.csv
Processing data/top250.csv
```

次に示すのは同じ例ですが、`parallel` を使っています。

```
$ find data -name '*.csv' -print0 | parallel -0 echo "Processing {}"
Processing data/countries.csv
Processing data/movies.csv
Processing data/top250.csv
```

`-print0` オプションを付けると、`find` の出力を処理するプログラムが改行などの空白文字を含むファイル名を正しく解釈できるようになります。ファイル名にスペースや改行などの特殊文字が絶対に含まれていないことがはっきりしている場合には、`-print0`、`-0` オプションは省略できます。

> 処理するリストが複雑になりすぎる場合には、結果を一時ファイルに格納して、そのファイルの各行を反復処理するとよいでしょう。

8.3 並列処理

例 8-1 のように、実行に非常に長い時間がかかるコマンドがあるとします。

例 8-1　~/book/ch08/slow.sh

```
#!/bin/bash
echo "Starting job $1"
duration=$((1+RANDOM%5))  ❶
sleep $duration
echo "Job $1 took ${duration} seconds"
```

❶ `$RANDOM` は 0 から 32,767 までの間の整数の擬似乱数を返す Bash の内部関数です。その数値を 5 で割った剰余に 1 を加えると、1 から 5 までの擬似乱数が得られます。

このプロセスは、手持ちのリソースをすべて使い切ってしまうわけではありません。

8.3 並列処理

そして、この種のコマンドを何度も実行しなければならないものとします。たとえば、非常に多くのファイルをダウンロードしなければならないような場合です。

並列化する最も原始的な方法はコマンドのバックグラウンド実行です。

```
$ for i in {1..4}; do
> (./slow.sh $i; echo Processed $i) & ❶
> done
[1] 3334
[2] 3335
[3] 3336
[4] 3338
Starting job 2
Starting job 1
Starting job 3
Starting job 4
Job 4 took 1 seconds
Processed 4
Job 3 took 4 seconds
Job 2 took 4 seconds
Processed 3
Processed 2
Job 1 took 4 seconds
Processed 1
```

❶ 括弧はサブシェルを作ります。アンド記号(&)を付けると、サブシェルはバックグラウンドで実行されます。

サブシェルの問題は、全部一斉に実行されることです。プロセスの数の上限を制御する仕組みがありません。この方法は使わない方がよいでしょう。

```
$ while read i; do
> (./slow.sh "$i"; ) &
> done < data/movies.txt
[1] 3404
[2] 3405
[3] 3406
Starting job Star Wars
Starting job Matrix
Starting job Home Alone
[4] 3407
[5] 3410
```

```
Starting job Back to the Future
Starting job Indiana Jones
Job Home Alone took 2 seconds
Job Matrix took 2 seconds
Job Star Wars took 2 seconds
Job Back to the Future took 3 seconds
Job Indiana Jones took 4 seconds
```

> すべてが並列化できるわけではありません。API呼び出しが一定数に制限されることもありますし、インスタンスを1つしか持てないコマンドもあります。

> クォートは重要です。$iをクォートで囲まなければ、slow.shスクリプトに渡されるのは、個々の映画タイトルの先頭の単語だけになってしまいます。

この原始的なアプローチには、並行実行するプロセスの数を制御するための手段がないことと、どの出力がどの入力に対応するのかがわからないというロギングの不備が出ることの2つの問題があります。

8.3.1　GNU parallel入門

GNU parallel（Tange、2014）は、コマンドやパイプラインを並列実行できるコマンドラインツールです。このツールのよいところは、既存のツールをそのまま使えることです。書き換える必要はありません。GNU parallelの詳細に踏み込む前に、以前出てきたforループを並列化するのがいかに簡単かを示すサンプルを見てください。

```
$ seq 5 | parallel "echo {}^2 | bc"
1
4
9
16
25
```

これは、オプションなしのもっとも単純な形態のparallelです。ご覧のように、parallelは基本的にforループとして機能します（何が行われているのかは、あとで正確に説明します）。GNU parallelは、110以上ものオプションを持ち、さまざまな追加機能を提供します。しかし、心配しないでください。この章を読み終わるまで

に、もっとも重要なオプションをしっかりと理解できるようにします。

GNU parallel は、次のコマンドを実行してインストールします。

```
$ wget http://ftp.gnu.org/gnu/parallel/parallel-latest.tar.bz2
$ tar -xvjf parallel-latest.tar.bz2 > extracted-files
$ cd $(head -n 1 extracted-files)
$ ./configure && make && sudo make install
```

> 本書では、GNU parallel と表記し続けていますが、それは parallel という名前のツールが 2 種類あるからです。Data Science Toolbox を使っている場合は、すでに正しいバージョンがインストールされています。そうでなければ、parallel --version を実行して正しいツールがインストールされていることをダブルチェックしてください。

GNU parallel を正しくインストールしたことは、次のようにすれば確かめられます。

```
$ parallel --version | head -n 1
GNU parallel 20140622
```

作成されたファイルやディレクトリは、次のコマンドを実行して削除します。

```
$ cd ..
$ rm -r $(head -n 1 extracted-files)
$ rm parallel-latest.tar.bz2 extracted-files
```

> 私たちと同じくらい parallel を多用する場合は、エイリアスを作っておくとよいでしょう（たとえば p）。~/.bashrc に alias p=parallel を追加します。

8.3.2　入力の指定

GNU parallel に渡す引数でもっとも大切なのは、すべての入力に対して実行するコマンドです。問題は、コマンドラインのどこに入力項目を挿入するかです。何も指定しなければ、入力項目はコマンドの末尾に追加されます。通常はそれで問題ありませんが、プレースホルダーを 1 つまたは複数使って入力項目がコマンドのどこに挿入されるかをはっきりさせておくのがよいでしょう。

GNU parallel に入力を与える方法は多数あります。私たちはパイプから入力を与える方法を使うようにしています（この章では、一貫してそうしています）。こうすれば、広く一般的に使えますし、左から右にパイプラインを作ることができます。そのほかの入力の供給方法については、parallel の man ページを見てください。

ほとんどの場合は、入力項目全体を使いたいところでしょう。その場合は、プレースホルダーは1つだけで済みます。プレースホルダーは、中括弧の対（{}）で指定します。

```
$ seq 5 | parallel echo {}
```

入力項目がファイルなら、ファイル名を変更できる特殊なプレースホルダー（プレースホルダー修飾子）が使えます。たとえば、/. を使うと、ファイル名のなかのベース名だけが使われます。

入力行が区切り文字で複数の部分に分割されている場合には、たとえば次のように、プレースホルダーに数値を追加することができます。

```
$ < input.csv parallel -C, "mv {1} {2}"
```

ここでも、同じプレースホルダー修飾子を使うことができます。同じ入力項目を再利用することもできます。parallel に対する入力がヘッダー付きの CSV ファイルなら、プレースホルダーとして列名を使うこともできます。

```
$ < input.csv parallel -C, --header : "invite {name} {email}"
```

入力を変更せずに同じコマンドを実行したい場合もあるでしょう。parallel はそのような処理にも対応しています。-N0 オプションを指定し、入力として実行したい回数分の行を与えます。

```
$ seq 5 | parallel -N0 "echo The command line rules"
The command line rules
The command line rules
The command line rules
The command line rules
The command line rules
```

GNU parallel コマンドが正しくセットアップされているかどうかがわからなくなったら、-dryrun オプションを付けて実行してみましょう。こうすると、GNU parallel は実際にコマンドを実行するのではなく、実行されるはずのすべてのコマンドを表示します。

8.3.2 並行ジョブの数の制御

デフォルトでは、parallel は CPU コア 1 つにつき 1 個のジョブを並列実行します。--jobs または -j オプションを使えば、並列実行されるジョブの数を制御できます。単純に数値（たとえば n）を指定すれば、n 個のジョブが並列実行されます。数値 n の前にプラス記号を付けると、m を CPU コアの数として、parallel は m+n 個のジョブを実行します。数値の前にマイナス記号を付けると、parallel は m-n 個のジョブを実行します。また、-j オプションにはパーセントを指定することもできます。デフォルトは CPU コアの数の 100% です。並列実行するジョブの数の最適値は、実行する実際のコマンド次第です。

```
$ seq 5 | parallel -j0 "echo Hi {}"
Hi 1
Hi 2
Hi 3
Hi 4
Hi 5

$ seq 5 | parallel -j200% "echo Hi {}"
Hi 1
Hi 2
Hi 3
Hi 4
Hi 5
```

-j1 を指定すると、コマンドは逐次的に実行されます。この場合、ツール名通りの仕事をしていませんが、それでも用途はあります。たとえば、同時に 1 個の接続しか認めない API にアクセスしなければならないときです。-j0 を指定すると、parallel は実行できるだけのジョブを並列実行します。これは、サブシェルを使ったループと同じようなものであり、お勧めできません。

8.3.3 ロギングと出力

個々のコマンドの出力を保存するために、次のようなことをしたくなるかもしれません。

```
$ seq 5 | parallel "echo \"Hi {}\" > data/hi-{}.txt"
```

こうすると、出力は別々のファイルに保存されます。すべてを1つの大きなファイルに保存したい場合には、次のようにします。

```
$ seq 5 | parallel "echo Hi {}" >> data/one-big-file.txt
```

しかし、GNU parallel には、各ジョブの出力を別々のファイルに格納する --results オプションがあります。このとき、出力ファイル名は、入力値に基づいて付けられます。

```
$ seq 5 | parallel --results data/outdir "echo Hi {}"
Hi 1
Hi 2
Hi 3
Hi 4
Hi 5
$ find data/outdir
data/outdir
data/outdir/1
data/outdir/1/1
data/outdir/1/1/stderr
data/outdir/1/1/stdout
data/outdir/1/3
data/outdir/1/3/stderr
data/outdir/1/3/stdout
data/outdir/1/5
data/outdir/1/5/stderr
data/outdir/1/5/stdout
data/outdir/1/2
data/outdir/1/2/stderr
data/outdir/1/2/stdout
data/outdir/1/4
data/outdir/1/4/stderr
data/outdir/1/4/stdout
```

複数のジョブを並列実行しているとき、ジョブが実行される順序は、入力の順序とはかならずしも一致しません。そのため、ジョブの出力は混ざってしまいます。同じ順序を維持したい場合は、--keep-order、または -k オプションを指定してください。

どの入力がどの出力を生成したのかを記録しておくと役に立つことがあります。GNU parallelは、出力にタグを付けられる --tag オプションををサポートしています。

```
$ seq 5 | parallel --tag "echo Hi {}"
1 Hi 1
2 Hi 2
3 Hi 3
4 Hi 4
5 Hi 5
```

8.3.4　並列ツールの作成

この章の冒頭で使った bc は、それ自体としては並列実行ツールではありません。しかし、parallel を使えば並列化することができます。Data Science Toolbox には、pbc（Janssens、2014）というツールが含まれています。例 8-2 は、そのソースコードです。

例 8-2　並列化 bc（pbc）

```
#!/usr/bin/env bash
parallel -C, -k -j100% "echo '$1' | bc -l"
```

このツールを使えば、章の冒頭で使ったコードも単純化できます。

```
$ seq 100 | pbc '{1}^2' | tail
8281
8464
8649
8836
9025
9216
9409
9604
9801
10000
```

このコードは、次のような仕組みで動作します。seq 100 は、1 行に 1 つずつ 1 から 100 までの整数を出力します。この 100 行は pbc にパイプで送られ、pbc は並列処理をします。{1} は、bc に送られる前に並列的に評価されます。つまり、{1} は、行の第 1 列（この場合、列は 1 つしかありません）の値に置き換えられます。

8.4 分散処理

ローカルマシンがすべてのコアをフル回転して得られる以上のパワーが必要になることがときどきあります。幸い、GNU parallel はリモートマシンのパワーを活用することもできます。パイプラインのスピードアップには、これが本当に役に立ちます。

すばらしいのは、リモートマシンに GNU parallel をインストールする必要がないことです。ただ、SSH でリモートマシンに接続できさえすれば構いません。GNU parallel は、SSH を介してパイプラインを分散処理します（なお、リモートマシンに GNU parallel がインストールされていれば、それぞれのリモートマシンで何個のコアを使えるかがわかる分、役に立ちます。それについては、あとで詳しく説明します）。

まず、起動中の AWS EC2 インスタンスのリストを取得します。リモートマシンを持っていなくても心配はいりません。GNU parallel に対してどのリモートマシンを使うかを指示する `--slf instances` を `--sshlogin` に置き換えれば、この節のサンプルは動作します。

どのリモートマシンが使えるかがわかったら、3種類の分散処理について考えていきます。

- リモートマシンで通常のコマンドを実行する
- リモートマシンの間で直接ローカルデータを分散させる
- リモートマシンにファイルを送り、処理させて、結果を取り出してくる

8.4.1 実行中の AWS EC2 インスタンスのリストの取得

この節では、各行にリモートマシンのホスト名が1つずつ書かれている instances というファイルを作ります。この節では Amazon Web Services を使っています。ほかのクラウドコンピューティングサービスを使っている場合や、独自サーバーを持っている場合には、かならず自分で instances ファイルを作ってください。

AWS API に対するコマンドラインインターフェイスの aws（Amazon Web Services、2014）を使えば、コマンドラインから実行中の AWS EC2 インスタンスのリストを取得できます。Data Science Toolbox を使っていない場合は、次のように pip（PyPA、2014）を使って awscli をインストールしてください。

```
$ pip install awscli
```

aws があれば、AWS Management Console でオンラインでできることはほぼすべて実行できるようになります。ここでは、AWS から実行中の EC2 インスタンスのリストを手に入れるだけですが、aws はもっと多くのことを実行できます。なお、ここでは読者が AWS Management Console か aws を使ってインスタンスを起動する方法を知っているという前提で話を進めます。

aws ec2 describe-instances コマンドは、すべての EC2 インスタンスについてのさまざまな情報を JSON 形式で返してきます（AWS のドキュメント参照）。ここでは、jq を使って関連フィールドを抜き出します。

```
$ aws ec2 describe-instances | jq '.Reservations[].Instances[] | '\
> '{public_dns: .PublicDnsName, state: .State.Name}'
{
  "state": "running",
  "public_dns": "ec2-54-88-122-140.compute-1.amazonaws.com"
}
{
  "state": "stopped",
  "public_dns": null
}
```

EC2 インスタンスは、pending、running、shutting-down、terminated、stopping、stopped のなかのどれかの状態になっています。パイプラインの分散処理のために使えるのは running 状態のインスタンスだけなので、それ以外のインスタンスを取り除いています。

```
$ aws ec2 describe-instances | jq -r '.Reservations[].Instances[] | '\
> 'select(.State.Name=="running") | .PublicDnsName' > instances
$ cat instances
ec2-54-88-122-140.compute-1.amazonaws.com
ec2-54-88-89-208.compute-1.amazonaws.com
```

ここで、raw（未加工）を意味する -r を省略すると、ホスト名はダブルクォートで囲まれた状態になります。出力を instances に保存していますが、それはあとで parallel にホスト名を渡すためです。

すでに触れたように、parallel は SSH を使って EC2 インスタンスに接続します。~/.ssh/config に次の設定を追加して、SSH から EC2 インスタンスへの接続方法がわかるようにしてください。

```
Host *.amazonaws.com
    IdentityFile ~/.ssh/MyKeyFile.pem
    User ubuntu
```

　実行しているディストリビューションによっては、ユーザー名は ubuntu 以外のものになっている場合があります。

8.4.2　リモートマシンでのコマンドの実行

　分散処理の第 1 のタイプは、単純にリモートマシンで通常のコマンドを実行するというものです。まず、hostname というコマンドラインツールを実行してホストリストを取得し、parallel が動作しているかどうかをダブルチェックしましょう。

```
$ parallel --nonall --slf instances hostname
ip-172-31-23-204
ip-172-31-23-205
```

　ここで、--slf オプションは、--sshloginfile オプションを略したものです。--nonall オプションは、instances ファイル内のすべてのリモートマシンでパラメータなしで同じコマンドを実行せよと parallel に指示します。なお、先ほども説明したように、使えるリモートマシンがない場合には、--slf instances を --sshlogin : に置き換えれば、ローカルマシンでコマンドが実行されます。

```
$ parallel --nonall --sshlogin : hostname
data-science-toolbox
```

　同じコマンドをすべてのリモートマシンで 1 度実行するために必要な CPU コアは、マシンあたり 1 個ずつです。parallel に渡されたパラメータリストを分散処理する場合には、複数の CPU コアを使う可能性があります。コマンドラインで CPU コアの数を指定していない場合、parallel は CPU コアの数を調べようとします。

```
$ seq 2 | parallel --slf instances echo 2>&1 | fold
bash: parallel: command not found
parallel: Warning: Could not figure out number of cpus on ec2-54-88-122-140.comp
ute-1.amazonaws.com (). Using 1.
1
2
```

この例では、parallel は 2 台のリモートマシンのうちの 1 台にインストールされています。2 台のうちの片方には、parallel がないということを知らせる警告メッセージが表示されています。そのため、parallel はコアの数を調べられず、CPU コアの数としてデフォルトの 1 を使います。この警告メッセージが表示されたときにできることは、次の 4 つのなかのどれかです。

- 気にせずにマシンあたり 1 個の CPU コアを使った処理で満足する
- -j オプションを使ってマシンあたり実行するジョブ数を指定する
- instances ファイル内の個々のホスト名の前にたとえば 2/（2 個のコアを使いたい場合）を指定して、マシンあたりのコア数を指定する
- パッケージマネージャを使って GNU parallel をインストールする（通常最新バージョンではないので注意してください）。たとえば、Ubuntu では、次のようにする

```
$ parallel --nonall --slf instances "sudo apt-get install -y parallel"
```

8.4.3　リモートマシン間でのローカルデータの分散

分散処理の第 2 のタイプは、リモートマシンの間でローカルデータを直接分散させるというものです。複数のリモートマシンを使って処理したい 1 個の非常に巨大なデータセットがあったとします。話を単純にするために、1 から 1,000 までのすべての整数の和を計算しましょう。まず、リモートマシンのホスト名を表示させ、wc で受信した入力の長さを表示させて、入力が本当に分散されているかどうかを確かめましょう。

```
$ seq 1000 | parallel -N100 --pipe --slf hosts "(hostname; wc -l) | paste -sd:"
ip-172-31-23-204:100
ip-172-31-23-205:100
ip-172-31-23-205:100
ip-172-31-23-204:100
ip-172-31-23-205:100
ip-172-31-23-204:100
ip-172-31-23-205:100
ip-172-31-23-204:100
```

```
ip-172-31-23-205:100
ip-172-31-23-204:100
```

1,000個の数値が100個のサブセットに均等に分散されていること（-N100で指定されているように）が確かめられます。これで、すべての数値の合計を計算する準備ができました。

```
$ seq 1000 | parallel -N100 --pipe --slf hosts "paste -sd+ | bc" |
> paste -sd+ | bc
500500
```

ここでは、リモートマシンから返された10個の数値の合計値の合計をすぐに計算しています。答えが正しいことをダブルチェックしましょう。

```
$ seq 1000 | paste -sd+ | bc
500500
```

すばらしい。確かに動作しています。リモートマシンで実行したいもっと大きなコマンドがあるなら、それを別個のスクリプトに入れ、parallelでそれをアップロードすることができます。先ほど実行したコードから、sumという単純なコマンドラインツールを作ってみましょう。

```
#!/usr/bin/env bash
paste -sd+ | bc
```

4章で説明した方法でスクリプトを実行可能にするのを忘れないでください。次のコマンドは、まず、sumファイルをアップロードします。

```
$ seq 1000 | parallel -N100 --basefile sum --pipe --slf instances './sum' |
> ./sum
500500
```

もちろん、1,000個の整数の合計計算は、サンプルのためのサンプルと言うべきものです。こんな計算ならローカルにした方がずっと高速になります。しかし、GNU parallelがとてつもなく強力なツールになり得ることは、このサンプルからもはっきりとわかるはずです。

8.4.4 リモートマシンでのファイル処理

分散処理の第3のタイプは、リモートマシンにファイルを送り、処理して結果を取り出すというものです。ニューヨーク市の各行政区について311番のサービスコールがどれくらいの頻度でかかってくるかを数えたいものとします。まだ、ローカルマシンにはそのデータはないので、まず NYC Open Data の優れた API を使ってデータを手に入れましょう。

```
$ seq 0 100 900 | parallel "curl -sL 'http://data.cityofnewyork.us/resource'"\
> "'/erm2-nwe9.json?\$limit=100&\$offset={}' | jq -c '.[]' | gzip > {#}.json.gz"
```

JSON オブジェクトの配列をスカラー化して1つのオブジェクトで1行にするために、`jq -c '.[]'` が使われていることに注意してください。これで圧縮された JSON データを格納する10個のファイルが作られます。JSON の1行がどのようになっているのかを見てみましょう。

```
$ zcat 1.json.gz | head -n 1 | fold
{"school_region":"Unspecified","park_facility_name":"Unspecified","x_coordinate_
state_plane":"945974","agency_name":"Department of Health and Mental Hygiene","u
nique_key":"147","facility_type":"N/A","status":"Assigned","school_address":"Uns
pecified","created_date":"2006-08-29T21:25:23","community_board":"01 STATEN ISLA
ND","incident_zip":"10302","school_name":"Unspecified","location":{"latitude":"4
0.62745427115626","longitude":"-74.13789056665027","needs_recoding":false},"comp
laint_type":"Food Establishment","city":"STATEN ISLAND","park_borough":"STATEN I
SLAND","school_state":"Unspecified","longitude":"-74.13789056665027","intersecti
on_street_1":"DECKER AVENUE","y_coordinate_state_plane":"167905","due_date":"200
6-10-05T21:25:23","latitude":"40.62745427115626","school_code":"Unspecified","sc
hool_city":"Unspecified","address_type":"INTERSECTION","intersection_street_2":"
BARRETT AVENUE","school_number":"Unspecified","resolution_action_updated_date":"
2006-10-06T00:00:17","descriptor":"Handwashing","school_zip":"Unspecified","loca
tion_type":"Restaurant/Bar/Deli/Bakery","agency":"DOHMH","borough":"STATEN ISLAN
D","school_phone_number":"Unspecified"}
```

ローカルマシンで行政区あたりのサービスコールの合計を知るためには、次のコマンドを実行します。

```
$ zcat *.json.gz |                ❶
> jq -r '.borough' |              ❷
> tr '[A-Z]' '[a-z]_' |           ❸
```

```
> sort | uniq -c |              ❹
> awk '{print $2","$1}' |       ❺
> header -a borough,count |     ❻
> csvsort -rc count | csvlook   ❼
|-----------------+---------|
|  borough        |  count  |
|-----------------+---------|
|  unspecified    |  467    |
|  manhattan      |  274    |
|  brooklyn       |  103    |
|  queens         |  77     |
|  bronx          |  44     |
|  staten_island  |  35     |
|-----------------+---------|
```

これはかなり長いパイプラインであり、すぐあとで今度は parallel とともにこれを使うので、部分部分の意味をしっかり見ておきましょう。

❶ zcat を使ってすべての圧縮済みファイルを展開します。

❷ 個々の呼び出しごとに jq を使って行政区の名前を抽出します。

❸ 行政区名を小文字に変換し、スペースをアンダースコアに置き換えます（awk がデフォルトで空白のところでフィールドを区切るため）。

❹ sort と uniq を使って各行政区の出現回数を数えます。

❺ awk を使って回数と行政区の2フィールドの順序を逆にするとともに、区切り子をカンマにします。

❻ header を使ってヘッダーを追加します。

❼ csvsort（Groskopf, 2014）を使って出現回数に基いてソートし、csvlook を使って表を出力します。

ここで自分のマシンがとても遅くて単純にこのパイプラインをローカルに実行することはとてもできないという状態を想像してみましょう。GNU parallel を使えば、ローカルファイルをリモートマシンに分散させ、リモートマシンにそれらのファイルを処理させて、結果を取り出せます。

```
$ ls *.json.gz |                                                     ❶
> parallel -v --basefile jq \                                        ❷
> --trc {.}.csv \                                                    ❸
> --slf instances \                                                  ❹
> "zcat {} | ./jq -r '.borough' | tr '[A-Z]' '[a-z]_' | sort | uniq -c |"\
> " awk '{print \$2\",\"\$1}' > {.}.csv"                             ❺
zcat 10.json.gz | ./jq -r '.borough' | sort | uniq -c | awk '{print $2","$1}'
zcat 2.json.gz | ./jq -r '.borough' | sort | uniq -c | awk '{print $2","$1}'
zcat 1.json.gz | ./jq -r '.borough' | sort | uniq -c | awk '{print $2","$1}'
zcat 3.json.gz | ./jq -r '.borough' | sort | uniq -c | awk '{print $2","$1}'
zcat 4.json.gz | ./jq -r '.borough' | sort | uniq -c | awk '{print $2","$1}'
zcat 5.json.gz | ./jq -r '.borough' | sort | uniq -c | awk '{print $2","$1}'
zcat 6.json.gz | ./jq -r '.borough' | sort | uniq -c | awk '{print $2","$1}'
zcat 7.json.gz | ./jq -r '.borough' | sort | uniq -c | awk '{print $2","$1}'
zcat 8.json.gz | ./jq -r '.borough' | sort | uniq -c | awk '{print $2","$1}'
zcat 9.json.gz | ./jq -r '.borough' | sort | uniq -c | awk '{print $2","$1}'
```

この長いコマンドは、次のように分割されます。

❶ ls を使ってファイルリストを出力し、パイプを介して parallel に渡します。

❷ jq バイナリを個々のリモートマシンに転送します（幸い、jq には依存コードがありません）。--trc オプションを指定しているので（--cleanup オプションの効果を含んでいます）、処理を終えるときにこのファイルはリモートマシンから削除されます。

❸ --trc {..csv} オプションは、--transfer --return {..csv --cleanup} の略記法です（{.} というプレースホルダーは、拡張子なしの入力ファイル名に置き換えられます）。この場合、このオプションは、JSON ファイルをリモートマシンに転送し、ローカルマシンに CSV ファイルを返し、個々のジョブ終了後にリモートマシンから両ファイルを削除するという意味になります。

❹ ホスト名のリストを指定します。繰り返しになりますが、ローカルにこの処理を試してみたい場合は、--self instances の代わりに --sshlogin : を指定します。

❺ awk 式のなかのエスケープに注意してください。クォートの追加は、ときどきトリッキーな感じになります。ここでは、ドル記号とダブルクォートをエ

スケープしています。このようなクォートのおかげでわかりにくくなる場合には、sum を作ったときのように、パイプラインの一部を独立したコマンドラインツールに置き換えられることを忘れないようにしてください。

このコマンドの実行中のどこかの時点でリモートマシンのどれかで ls を実行すると、parallel が本当に jq のバイナリ、JSON ファイル、CSV ファイルを転送し、クリーンアップしていることがわかるはずです。

```
$ ssh $(head -n 1 instances) ls
1.json.csv
1.json.gz
jq
```

CSV ファイルは、それぞれ次のような形になっています。

```
$ cat 1.json.csv
bronx,3
brooklyn,5
manhattan,24
queens,3
staten_island,2
unspecified,63
```

Rio と R の aggregate 関数を使えば、各 CSV ファイルのカウントの部分を合計することができます。

```
$ cat *.csv | header -a borough,count |
> Rio -e 'aggregate(count ~ borough, df, sum)' |
> csvsort -rc count | csvlook
|----------------+--------|
|  borough       | count  |
|----------------+--------|
|  unspecified   | 467    |
|  manhattan     | 274    |
|  brooklyn      | 103    |
|  queens        | 77     |
|  bronx         | 44     |
|  staten_island | 35     |
|----------------+--------|
```

結果の合計には SQL を使いたいという場合には、5 章で説明したように、csvsql を使うことができます。

```
$ cat *.csv | header -a borough,count |
> csvsql --query 'SELECT borough, SUM(count) AS count FROM stdin '\
> 'GROUP BY borough ORDER BY count DESC' | csvlook
|----------------+--------|
|  borough       | count  |
|----------------+--------|
|  unspecified   | 467    |
|  manhattan     | 274    |
|  brooklyn      | 103    |
|  queens        | 77     |
|  bronx         | 44     |
|  staten_island | 35     |
|----------------+--------|
```

8.5 この章を振り返って

私たちデータサイエンティストはデータを操作しますが、ときどき非常に大量のデータを操作しなければならないことがあります。これは、同じコマンドを何度も実行するか、パワーを必要とするデータ操作を複数の CPU コア、複数のマシンに分散処理させる必要があるということです。この章では、コマンドの並列実行がいかに簡単かを示しました。GNU parallel は、普通のコマンドラインツールを複数のコア、リモートマシンに分散処理させてスピードを大幅に上げられる非常に強力で柔軟なツールです。GNU parallel が提供する機能は非常に多いため、この章で取り上げられたのはほんの一部だけでしかありません。ここで取り上げられなかった GNU parallel の機能としては、たとえば次のものがあります。

- すべてのジョブのログの作成
- 新しいジョブの起動をマシンの負荷が一定のしきい値よりも低いときのみに制限すること
- ジョブのタイムアウト、再開、再試行

GNU parallel とそのもっとも重要なオプションの基礎が理解できたら、次の参考文献の節で紹介しているチュートリアルを見てみることをお勧めします。

8.6 参考文献

- Tange, O. (2011). GNU parallel—The Command-Line Power Tool." ;Login: The USENIX Magazine, 36(1), 42–47. http://www.gnu.org/s/parallel より取得。

- Tange, O. (2014). GNU parallel Tutorial. http://www.gnu.org/software/parallel/parallel_tutorial.html より取得。

- Amazon Web Services (2014). AWS Command Line Interface Documentation. http://aws.amazon.com/documentation/cli/ より取得。

9章
データのモデリング

　この章では、OSEMNモデルの第4ステップ（そして、コンピュータが必要な最後のステップ）であるデータのモデリングを行います。一般的に言って、データのモデリングとは、抽象的、あるいは俯瞰的にデータを記述することです。可視化イメージを作るのと同じように、個々のデータポイントから1歩引いたところからデータを見ます。
　視覚化は、見て解釈できるようにするための形、位置、色によって特徴付けられます。それに対し、モデルは、内部的には一連の数値によって特徴付けられます。そのため、コンピュータは、たとえばモデルを使って新しいデータポイントを予測することができます（もちろん、モデルを視覚化して、モデルの理解を深めたりモデルがどのように作用しているかを見てみたりすることはできます）。
　この章では、データをモデリングするためによく使われる4種類のアルゴリズムを見ていきます。

- 次元圧縮
- クラスタリング
- 回帰
- 分類

　これら4種類のアルゴリズムは、機械学習から取り入れたものです。そのため、語彙を少し変えることになります。出発点としてCSVファイルがあるものとし、

CSVファイルのことをデータセットとも呼ぶことにします。ヘッダーを除く各行は、データポイントとも呼びます。話を単純化するために、数値を含む列を入力列（input feature）と呼びます。Irisデータセットのspecies列のように、データポイントが数値以外のフィールドも持っている場合には、それをデータポイントのラベルと呼びます。

最初の2つのアルゴリズム（次元圧縮とクラスタリング）は、大半が教師なしアルゴリズム、すなわちデータセットに含まれる入力列だけからモデルを作るアルゴリズムになるのに対し、後半の2つのアルゴリズム（回帰と分類）は、定義上、モデルにラベルも組み込む教師ありアルゴリズムになります。

> この章は決して機械学習入門ではありません。つまり、細部の多くをさらっと流してしまわなければならないということです。何も考えずにデータにアルゴリズムを適用してまわる前に、アルゴリズムをしっかりと理解することを強くお勧めします。

9.1 概要

この章では、以下のことを学びます。

- データセットの次元圧縮
- 3種類のクラスタリングアルゴリズムによるデータポイントのグループ分け
- 回帰を使った白ワインの品質の予測
- 予測APIを使ったワインの赤、白の分類

9.2 ワインもう一杯！

この章では、ポルトガルのヴィーニョ・ヴェルデワインの赤と白のワインテイスティングについてのデータセットを使います。個々のデータポイントはワインを表しており、(1)固定酸濃度、(2)揮発性酸濃度、(3)クエン酸濃度、(4)残留糖分濃度、(5)塩化ナトリウム濃度、(6)遊離亜硫酸濃度、(7)総亜硫酸濃度、(8)密度、(9)pH、(10)硫酸カリウム濃度、(11)アルコール度数の11種の物理化学的属性から構成されています。このほかに味のグレードのスコアもあります。このスコアは0（最低最悪）から10（至極）までで、テイスティングの専門家による少なくとも3つの評価の中央値です。このデータセットについての詳細は、Wine Quality Data Setウェブペー

ジ (http://archive.ics.uci.edu/ml/datasets/Wine+Quality) で説明されています。
データセットは2つあります。1つが白ワイン、もう1つが赤ワインのものです。最初のステップは、`curl` で（そしてもちろん `parallel` も使って。私たちに時間はありません）2つのデータセットを獲得することです。

```
$ cd ~/book/ch09/data
$ parallel "curl -sL http://archive.ics.uci.edu/ml/machine-learning-databases"\
> "/wine-quality/winequality-{}.csv > wine-{}.csv" ::: red white
```

（なお、トリプルコロンは、`parallel` にデータを渡すための方法の1つです）。`head` を使ってデータセットを覗き、`wc -l` を使って行の数を計算しましょう。

```
$ head -n 5 wine-{red,white}.csv | fold
==> wine-red.csv <==
"fixed acidity";"volatile acidity";"citric acid";"residual sugar";"chlorides";"f
ree sulfur dioxide";"total sulfur dioxide";"density";"pH";"sulphates";"alcohol";
"quality"
7.4;0.7;0;1.9;0.076;11;34;0.9978;3.51;0.56;9.4;5
7.8;0.88;0;2.6;0.098;25;67;0.9968;3.2;0.68;9.8;5
7.8;0.76;0.04;2.3;0.092;15;54;0.997;3.26;0.65;9.8;5
11.2;0.28;0.56;1.9;0.075;17;60;0.998;3.16;0.58;9.8;6
==> wine-white.csv <==

"fixed acidity";"volatile acidity";"citric acid";"residual sugar";"chlorides";"f
ree sulfur dioxide";"total sulfur dioxide";"density";"pH";"sulphates";"alcohol";
"quality"
7;0.27;0.36;20.7;0.045;45;170;1.001;3;0.45;8.8;6
6.3;0.3;0.34;1.6;0.049;14;132;0.994;3.3;0.49;9.5;6
8.1;0.28;0.4;6.9;0.05;30;97;0.9951;3.26;0.44;10.1;6
7.2;0.23;0.32;8.5;0.058;47;186;0.9956;3.19;0.4;9.9;6
$ wc -l wine-{red,white}.csv
  1600 wine-red.csv
  4899 wine-white.csv
  6499 total
```

一見したところ、このデータはすでに非常にクリーンになっているように感じます。それでも、もう少しデータを洗ってコマンドラインツールの期待するデータに近いものにしましょう。

- ヘッダーを小文字に変換する。
- セミコロンをカンマに変換する。
- スペースをアンダースコアに変換する。
- 不要なクォートを取り除く。

これらの操作はすべて tr ですることができます。両方のデータセットを処理するために、ここでは昔からおなじみの for ループを使ってみましょう。

```
$ for T in red white; do
> < wine-$T.csv tr '[A-Z]; ' '[a-z],_' | tr -d \" > wine-${T}-clean.csv
> done
```

次に2つのデータセットを結合します。csvstack を使って type という列を追加します。type の値は、最初のファイルの行では red、第2のファイルの行では white となります。

```
$ HEADER="$(head -n 1 wine-red-clean.csv),type"
$ csvstack -g red,white -n type wine-{red,white}-clean.csv |
> csvcut -c $HEADER > wine-both-clean.csv
```

新しい type 列は、表の冒頭に追加されます。この章で使うコマンドラインツールのなかには、クラスラベルが最後の列になっていることを前提としているものがあるので、csvcut を使って列の順序を変えます。13個の列を入力するのではなく、csvstack を呼び出す前に、HEADER 変数に作ろうとしているヘッダーを一時的に格納しています。

このデータセットに欠損値があるかどうかをチェックしておくとよいでしょう。

```
$ csvstat wine-both-clean.csv --nulls
 1. fixed_acidity: False
 2. volatile_acidity: False
 3. citric_acid: False
 4. residual_sugar: False
 5. chlorides: False
 6. free_sulfur_dioxide: False
```

7. total_sulfur_dioxide: False
   8. density: False
   9. ph: False
  10. sulphates: False
  11. alcohol: False
  12. quality: False
  13. type: False

すばらしい。好奇心から出たことですが、赤、白の両方のワインについて品質の分布がどのようになっているのかを見てみましょう。

```
$ < wine-both-clean.csv Rio -ge 'g+geom_density(aes(quality, '\
> 'fill=type), adjust=3, alpha=0.5)' | display
```

図9-1の密度プロットからは、赤ワインよりも白ワインの方が高めの分布になっていることがわかります。

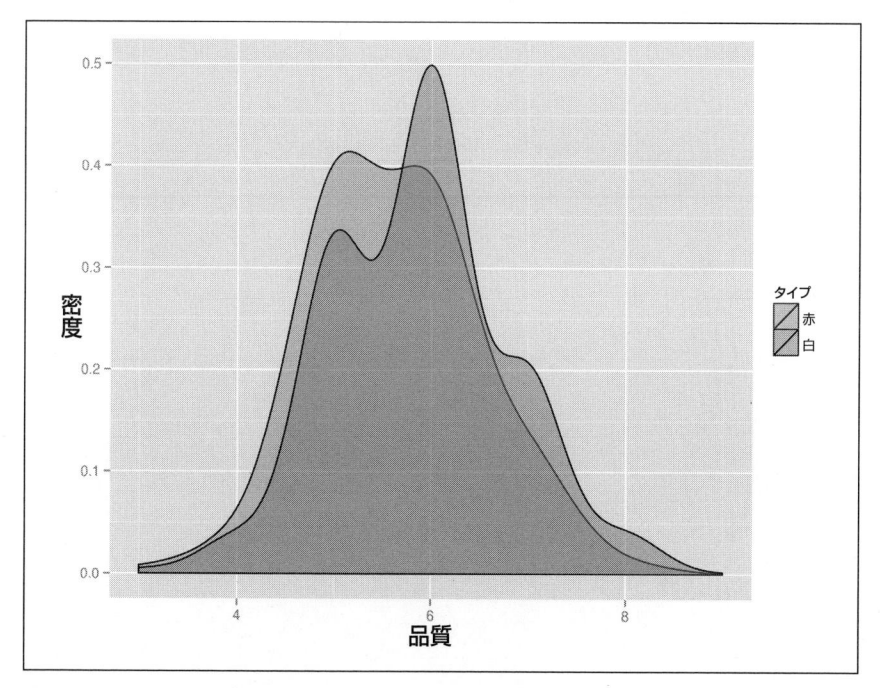

図9-1 密度プロットによる赤ワインと白ワインの品質の比較

これは、白ワインの方が全体として赤ワインよりも品質が高いということでしょうか、それとも白ワインの専門家の方が赤ワインの専門家よりも高いスコアを簡単に付けてしまうということでしょうか。これは、データからはわからないことです。アルコールと品質に相関関係はあるでしょうか。再び Rio と ggplot2 を使って調べてみましょう（図9-2）。

```
$ < wine-both-clean.csv Rio -ge 'ggplot(df, aes(x=alcohol, y=quality, ' \
> 'color=type)) + geom_point(position="jitter", alpha=0.2) + ' \
> 'geom_smooth(method="lm")' | display
```

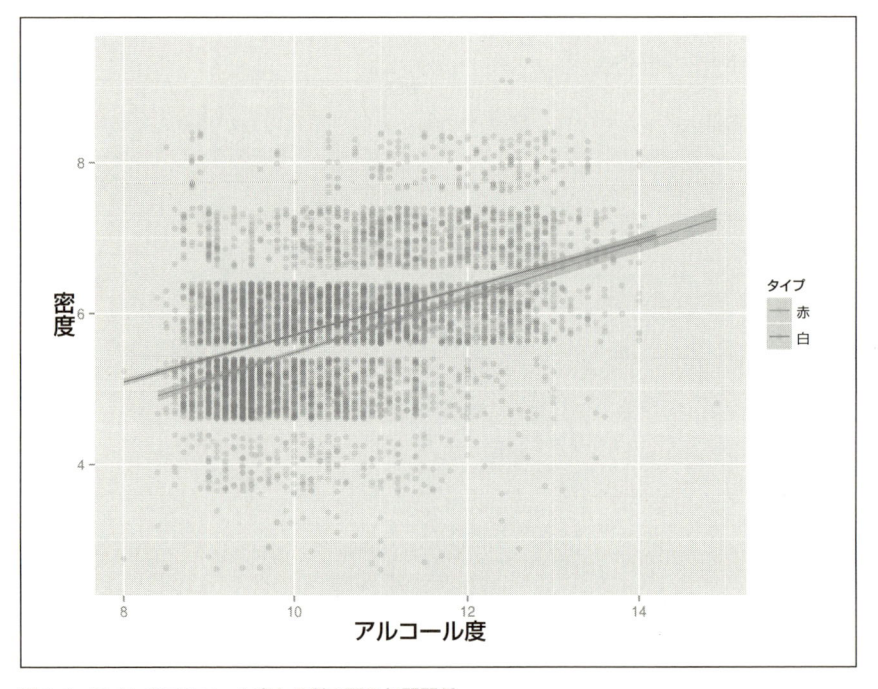

図9-2 ワインのアルコール度と品質の間の相関関係

できました！ それでは早速モデリングに移りましょう。

9.3 Tapkeeによる次元圧縮

次元圧縮の目標は、次元数の高いデータポイントを次元数の低い空間にマッピングすることです。難しいのは、低次元への写像で類似するデータポイントを近くに保つことです。前節でみたように、私たちのワインデータセットには13の列が含まれています。可視化が簡単な2次元を使うことにしましょう。

次元圧縮は、精査ステップの一部と考えられることが多い処理です。プロットするためには列が多すぎるときには、次元圧縮が役に立ちます。散布図行列（SPM）を使うこともできますが、1度に表示できるのは2つの列だけです。次元圧縮は、ほかの機械学習アルゴリズムの前処理ステップとしても役に立ちます。

ほとんどの次元圧縮アルゴリズムは、教師なしアルゴリズムです。これは、低次元への写像のためにデータポイントのラベルを使わないということです。

この節では、主成分分析法（PCA、Pearson、1901）と t-SNE（van der Maaten & Hinton, 2008）の2つのテクニックを見ていきます。

9.3.1 Tapkee入門

Tapkeeは次元圧縮のためのC++テンプレートライブラリです（Lisitsyn、Widmer、Garcia、2013）。このライブラリには、次に示すように、さまざまな次元圧縮アルゴリズムの実装が含まれています。

- 局所線形埋め込み法
- アイソマップ法
- 多次元尺度構成法
- 主成分分析法
- t-SNE法

TapkeeのWebサイト[†]には、これらのアルゴリズムについてのもっと詳しい説明が含まれています。Tapkeeは、基本的にほかのアプリケーションに組み込めるライブラリですが、コマンドラインツールも提供されています。本書では、このコマンド

[†] TapkeeのWebサイト：http://tapkee.lisitsyn.me/

ラインツールを使ってワインデータセットの次元圧縮を行います。

9.3.2　Tapkee のインストール

　Data Science Toolbox を使っていない読者は、自分で Tapkee をダウンロード、コンパイルする必要があります。まず、CMake がインストールされていることを確認してください。Ubuntu では、単純に次のコマンドを実行するだけです。

```
$ sudo apt-get install cmake
```

ほかの OS でのインストール方法は、Tapkee の Web サイトを参照してください。そして、次のコマンドを実行してソースをダウンロード、コンパイルします。

```
$ curl -sL https://github.com/lisitsyn/tapkee/archive/master.tar.gz > \
> tapkee-master.tar.gz
$ tar -xzf tapkee-master.tar.gz
$ cd tapkee-master
$ mkdir build && cd build
$ cmake ..
$ make
```

これで tapkee というバイナリの実行可能ファイルが作られます。

9.3.3　線形写像と非線形写像

　まず、標準化を使って列をスケーリングし、各列が同じように重要になるようにします。一般に、こうすると機械学習アルゴリズムを適用したときによりよい結果が得られます。

　スケーリングには、cols と Rio の組み合わせを使います。

```
$ < wine-both.csv cols -C type Rio -f scale > wine-both-scaled.csv
```

　そして、Rio-scatter を使って次元圧縮と写像の可視化の両方を行います（図9-3、図 9-4）。

例 9-1　図 9-3 のコード

```
$ < wine-both-scaled.csv cols -C type,quality body tapkee --method pca |
> header -r x,y,type,quality | Rio-scatter x y type | display
```

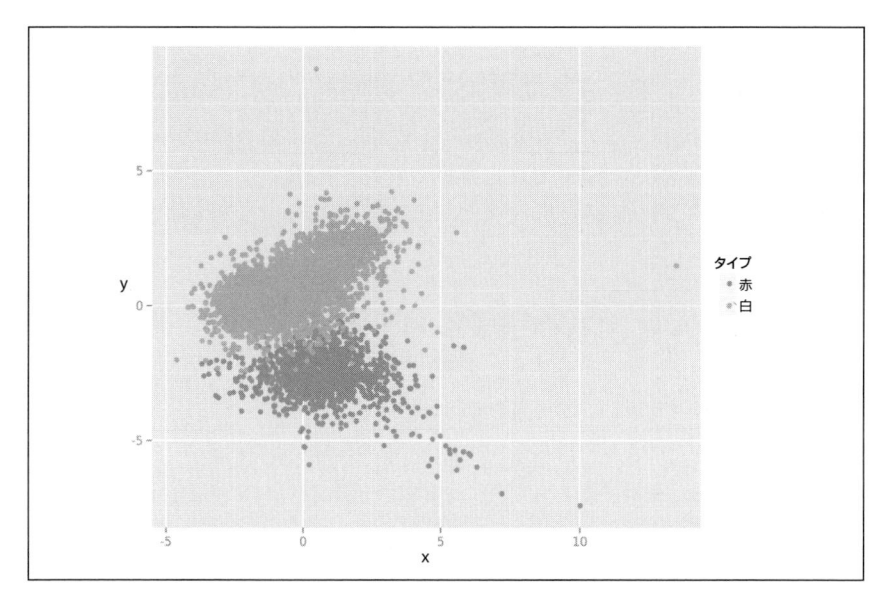

図 9-3　PCA による線形次元圧縮

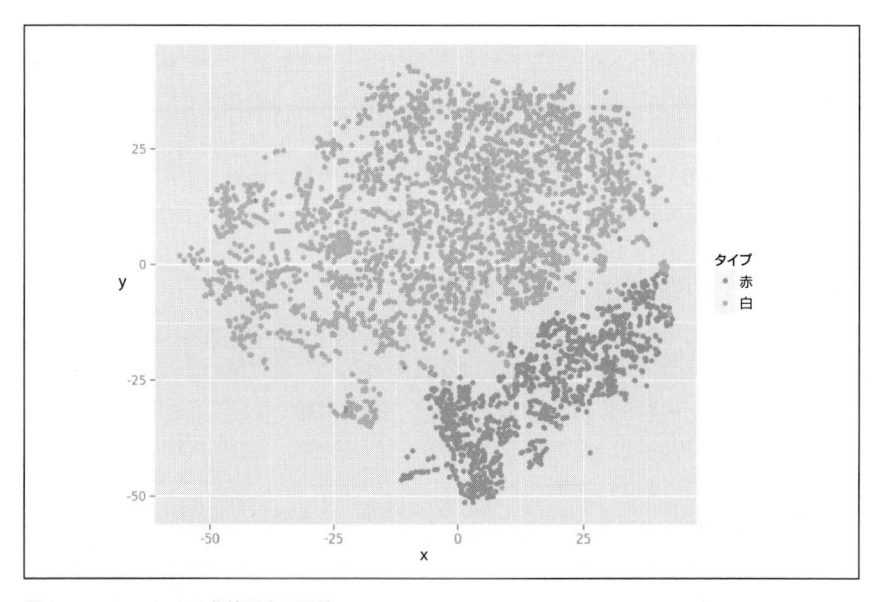

図 9-4　t-SNE による非線形次元圧縮

例9-2 図9-4のコード

```
$ < wine-both-scaled.csv cols -C type,quality body tapkee --method t-sne |
> header -r x,y,type,quality | Rio-scatter x y type | display
```

この2つの1行プログラムには、古典的なコマンドラインツール（つまり、GNU coreutilsパッケージに含まれているもの）は1つも使われていないことに注意してください。

9.4 Wekaによるクラスタリング

この節では、ワインデータセットをクラスタリングしてグループに分けます。次元圧縮と同様に、クラスタリングは通常教師なしアルゴリズムです。クラスタリングを使えば、データがどのように構造化されているかの理解が得られます。データをクラスタリングしたら、所属するクラスタに従ってデータポイントに色を付ければ結果を可視化することができます。ほとんどのアルゴリズムでは、あらかじめデータをいくつのグループにクラスタリングするかを指定しますが、自動的に適正なグループ数を判定するアルゴリズムもあります。

クラスタリングのためにはWaikato大学の機械学習グループがメンテナンスしているWeka（Hallほか、2009）を使います。すでにWekaをご存知の読者は、WekaをGUI付きのソフトウェアとして理解されていると思いますが、これから見ていくように、Wekaはコマンドラインからも使えます（ただし、少し変更を加えられていますが）。Wekaは、クラスタリングばかりでなく、分類や回帰もすることができますが、これらの機械学習タスクについては、ほかのツールを使うつもりです。

9.4.1 なぜWekaを使うのか

クラスタリングにはもっといいコマンドラインツールがあるはずだと言われるかもしれません。その通りです。この章でWekaを使っている理由の1つは、補助的なコマンドラインツールを作れば、プログラムの欠陥を回避できることを示すことです。コマンドラインでもっと時間を使うようになって、ほかのコマンドラインツールを試していると、最初は非常に期待できるように見えたのに、思ったように動作してくれないツールにぶつかることがきっとあるでしょう。たとえば、標準入出力を正しく処理できないというような欠陥はよくあります。次節では、Wekaの欠陥を明らかにした上で、その欠陥の回避方法を説明します。

9.4.2　Weka をコマンドラインで使いやすく

　Weka はコマンドラインから起動できますが、決してわかりやすくもユーザーフレンドリーでもありません。Weka は Java で作られているので、java を実行し、weka.jar ファイルの位置を指定し、さらに呼び出したいクラスを個別に指定しなければなりません。Weka には、「MexicanHat」というサンプルデータセットを生成するクラスがありますが、これを使って 10 個のデータポイントを生成するには、次のコマンドを実行しなければなりません。

```
$ java -cp ~/bin/weka.jar weka.datagenerators.classifiers.regression.MexicanHat\
> -n 10 | fold
%
% Commandline
%
% weka.datagenerators.classifiers.regression.MexicanHat -r weka.datagenerators.c
lassifiers.regression.MexicanHat-S_1_-n_10_-A_1.0_-R_-10..10_-N_0.0_-V_1.0 -S 1
-n 10 -A 1.0 -R -10..10 -N 0.0 -V 1.0
%
@relation weka.datagenerators.classifiers.regression.MexicanHat-S_1_-n_10_-A_1.0
_-R_-10..10_-N_0.0_-V_1.0

@attribute x numeric
@attribute y numeric

@data

4.617564,-0.215591
-1.798384,0.541716
-5.845703,-0.072474
-3.345659,-0.060572
9.355118,0.00744
-9.877656,-0.044298
9.274096,0.016186
8.797308,0.066736
8.943898,0.051718
8.741643,0.072209
```

　このコマンドの出力については気にしないでください。あとで説明します。ここでは、Weka を呼び出す構文をなんとかしましょう。ここで注目すべき問題点は 3 つあります。

- java を実行しなければならないところが直感に反します。

- このJARファイルには2,000を越えるクラスが含まれていますが、コマンドラインから直接使えるのはそのなかのわずか300個ほどだけです。どれが使えるのかをどのようにして調べればよいのでしょうか。
- `weka.datagenerators.classifiers.regression.MexicanHat` のようにクラスの名前空間全体を指定しなければなりません。こんなものをいちいち覚えていられるでしょうか。

これだけの問題があるので、Wekaを使うのは諦めた方がいいということでしょうか。そんなことはありません。Wekaには役に立つ機能がたくさん含まれています。以下の3つの節では、これらの問題を1つずつ解決していきます。

Wekaのためのよりよいコマンドラインツール

第1の問題に対処するために、次の小さなコードをwekaという新しいファイルに保存し、実行可能にして、PATH上のディレクトリに移動してください。

```
#!/usr/bin/env bash
java -Xmx1024M -cp ${WEKAPATH}/weka.jar "weka.$@"
```

そのあとで、~/.bashrcファイルに次の行を追加して、どこからでもwekaを起動できるようにします。

```
$ export WEKAPATH=/home/vagrant/repos/weka
```

これで、先ほどのサンプルは、次のようなコマンド行で起動できるようになります。

```
$ weka datagenerators.classifiers.regression.MexicanHat -n 10
```

これだけでもかなりの進歩です。

よく使うWekaクラス

すでに触れたように、weka.jarファイルには2,000個を越すクラスが含まれています。その多くは、コマンドラインから直接使うことができません。-hオプション付きで実行したときにヘルプメッセージを表示するクラスはコマンドラインから使えるクラスだと考えられます。たとえば、次のクラスはコマンドラインから使えます。

```
$ weka datagenerators.classifiers.regression.MexicanHat -h
Data Generator options:
-h
        Prints this help.
-o <file>
        The name of the output file, otherwise the generated data is
        printed to stdout.
-r <name>
        The name of the relation.
-d
        Whether to print debug informations.
-S
        The seed for random function (default 1)
-n <num>
        The number of examples to generate (default 100)
-A <num>
        The amplitude multiplier (default 1.0).
-R <num>..<num>
        The range x is randomly drawn from (default -10.0..10.0).
-N <num>
        The noise rate (default 0.0).
-V <num>
        The noise variance (default 1.0).
```

それに対し、たとえば次のクラスは、コマンドラインからは使えません。

```
$ weka filters.SimpleFilter -h
java.lang.ClassNotFoundException: -h
        at java.net.URLClassLoader$1.run(URLClassLoader.java:202)
        at java.security.AccessController.doPrivileged(Native Method)
        at java.net.URLClassLoader.findClass(URLClassLoader.java:190)
        at java.lang.ClassLoader.loadClass(ClassLoader.java:306)
        at sun.misc.Launcher$AppClassLoader.loadClass(Launcher.java:301)
        at java.lang.ClassLoader.loadClass(ClassLoader.java:247)
        at java.lang.Class.forName0(Native Method)
        at java.lang.Class.forName(Class.java:171)
        at weka.filters.Filter.main(Filter.java:1344)
-h
```

次のパイプラインは、weka.jar のすべてのクラスに対して -h オプション付きの weka を実行し、クラスと同じ名前のファイルに標準出力と標準エラー出力を保存します。

```
$ unzip -l $WEKAPATH/weka.jar |
> sed -rne 's/.*(weka)\/([^g])([^$]*)\.class$/\2\3/p' |
```

```
> tr '/' '.' |
> parallel --timeout 1 -j4 -v "weka {} -h > {} 2>&1"
```

コマンドを実行すると、749 個ファイルが作られています。次のコマンドを使えば、Exception という文字列を含まないすべてのファイルのファイル名が weka.classes に保存されます。

```
$ grep -L 'Exception' * | tee $WEKAPATH/weka.classes
```

これでも 332 個のクラスが残っています。そのなかでも、面白そうなクラスを挙げておきましょう。

- attributeSelection.PrincipalComponents
- classifiers.bayes.NaiveBayes
- classifiers.evaluation.ConfusionMatrix
- classifiers.functions.SimpleLinearRegression
- classifiers.meta.AdaBoostM1
- classifiers.trees.RandomForest
- clusterers.EM
- filters.unsupervised.attribute.Normalize

ご覧のように、Weka は広い範囲のクラス、機能を提供しています。

タブ補完の追加

まだ、クラス名全体を自分で入力しなければならないことは変わっていません。しかし、WEKAPATH をエクスポートしたあとで ~/.bashrc ファイルに次のコードを追加すると、いわゆるタブ補完を追加できます。

```
_completeweka() {
  local curw=${COMP_WORDS[COMP_CWORD]}
  local wordlist=$(cat $WEKAPATH/weka.classes)
```

```
        COMPREPLY=($(compgen -W '${wordlist[@]}' -- "$curw"))
        return 0
}
complete -o nospace -F _completeweka weka
```

この関数は、先ほど作ったweka.classesファイルを利用しています。この変更を加えたあと、コマンドラインでweka cluと入力し、[Tab]キーを3回押すと、クラスタリングに関係のあるすべてのクラスのリストが表示されます。

```
$ weka clusterers.
clusterers.CheckClusterer
clusterers.CLOPE
clusterers.ClusterEvaluation
clusterers.Cobweb
clusterers.DBSCAN
clusterers.EM
clusterers.FarthestFirst
clusterers.FilteredClusterer
clusterers.forOPTICSAndDBScan.OPTICS_GUI.OPTICS_Visualizer
clusterers.HierarchicalClusterer
clusterers.MakeDensityBasedClusterer
clusterers.OPTICS
clusterers.sIB
clusterers.SimpleKMeans
clusterers.XMeans
```

wekaというコマンドラインツールを作り、使えるクラスのリストを手に入れて、タブ補完を追加すると、コマンドラインでWekaを少し使いやすくすることができます。

9.4.3 CSVとARFFの間の変換

Wekaは、ARFF形式のファイルを使います。ARFFは、基本的に列についての補助情報を追加したCSVと言うことができます。CSVとARFFの間の変換では、csv2arff（例9-3参照）とarff2csv（例9-4参照）の2つのコマンドラインツールを使います。

例9-3　CSVからARFFへの変換（csv2arff）

```
#!/usr/bin/env bash
weka core.converters.CSVLoader /dev/stdin
```

例 9-4　ARFF から CSV への変換（arff2csv）

```
#!/usr/bin/env bash
weka core.converters.CSVSaver -i /dev/stdin
```

9.4.4　3つのクラスタリングアルゴリズムの比較

　Weka を使ってデータをクラスタリングするためには、また別のコマンドラインツールが必要です。学習されたクラスタにデータポイントを追加するためには、AddCluster クラスが必要ですが、このクラスは、-i /dev/stdin を指定したとしても、標準入力からのデータを受け付けません。.arff という拡張子が付いたファイルしか受け付けないのです。これは設計がまずいということです。そこで次のような weka-cluster というツールを作ります。

```
#!/usr/bin/env bash
ALGO="$@"
IN=$(mktemp --tmpdir weka-cluster-XXXXXXXX).arff

finish () {
        rm -f $IN
}
trap finish EXIT

csv2arff > $IN
weka filters.unsupervised.attribute.AddCluster -W "weka.${ALGO}" -i $IN \
    -o /dev/stdout | arff2csv
```

　これで、次のようにすれば、EM クラスタリングアルゴリズムを適用し、クラスタへの振り分けを保存できるようになりました。

```
$ cd data
$ < wine-both-scaled.csv csvcut -C quality,type |               ❶
> weka-cluster clusterers.EM -N 5 |                             ❷
> csvcut -c cluster > data/wine-both-cluster-em.csv             ❸
```

❶　スケーリングされたデータセットを使い、クラスタリングのためには quality、type の 2 つの列を使わないということを指定しています。

❷　weka-cluster を使ってアルゴリズムを適用しています。

9.4 Wekaによるクラスタリング

❸クラスタへの振り分けだけを保存します。

SimpleKMeans、Cobwebクラスタリングアルゴリズムについても同じコマンドを実行します。すると、クラスタへの振り分け結果を示すファイルが3つできます。クラスタへの振り分けを可視化するために、t-SNEマッピングを作りましょう。

```
$ < wine-both-scaled.csv csvcut -C quality,type | body tapkee --method t-sne |
> header -r x,y > wine-both-xy.csv
```

次に、pasteを使ってクラスタの振り分けをt-SNEマッピングと結合し、Rio-scatterを使って散布図を作ります（図9-5、図9-6、図9-7参照）。

```
$ parallel -j1 "paste -d, wine-both-xy.csv wine-both-cluster-{}.csv | "\
> "Rio-scatter x y cluster | display" ::: em simplekmeans cobweb
```

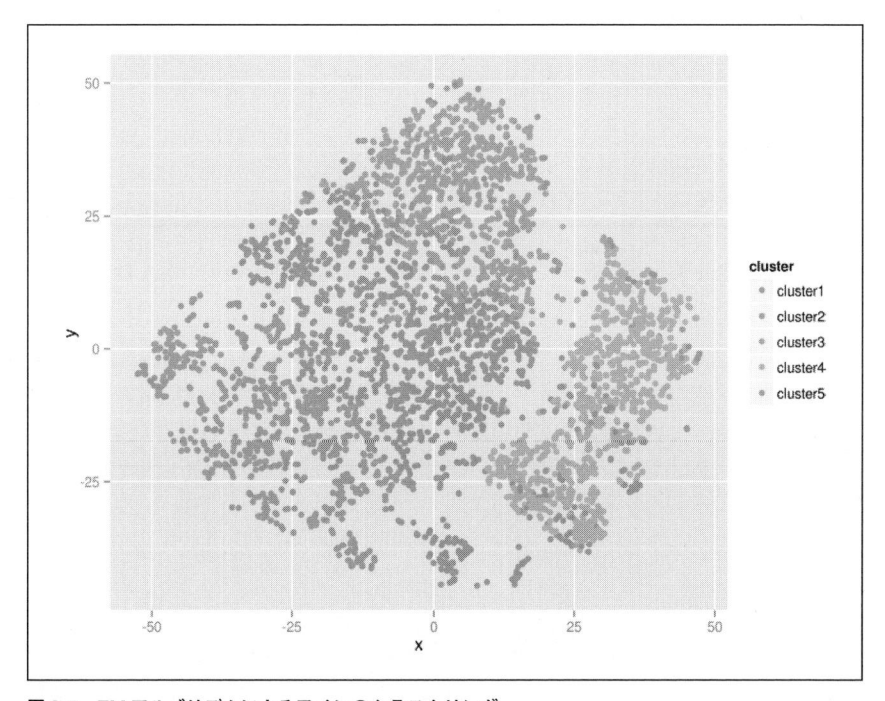

図 9-5　EMアルゴリズムによるワインのクラスタリング

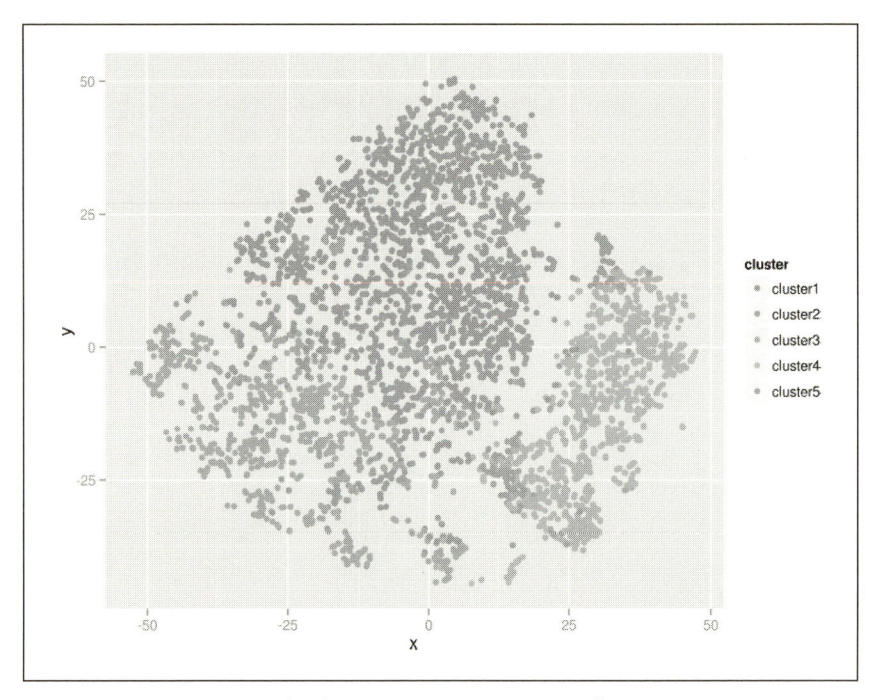

図 9-6 SimpleKMeans アルゴリズムによるワインのクラスタリング

　確かに、Weka をコマンドラインで使えるようにするためには、かなりのトラブルを解決しなければなりませんでしたが、それだけの意味はありました。と言うのも、期待通りに動作しないコマンドラインツールにぶつかることがいずれあるかもしれないからです。そのようなコマンドラインツールの問題点にもかならず回避する方法があることがわかっていただけたと思います。

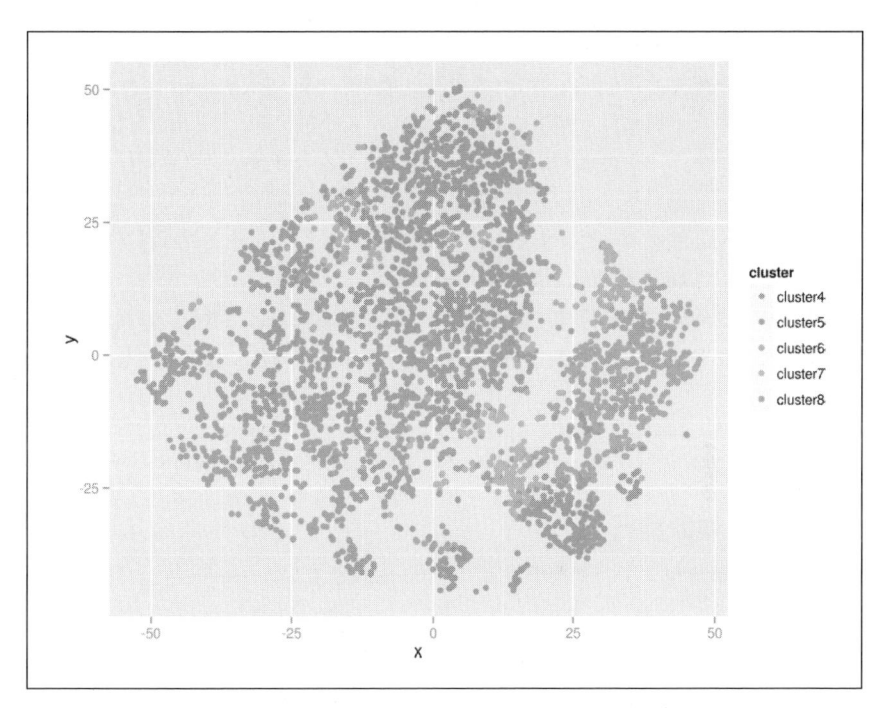

図 9-7　Cobweb アルゴリズムによるワインのクラスタリング

9.5　SciKit-Learn Laboratory による回帰分析

　この節では、物理化学的な属性に基づいて白ワインの品質を予測します。品質は 0 から 10 までの間の数値なので、品質の予測は回帰分析の仕事だと考えることができます。この節では、訓練用データポイントを使って 3 つの異なるアルゴリズムにより 3 つの回帰モデルを訓練します。

　この目的のために使うのは SciKit-Learn Laboratory（SKLL）です。Data Science Toolbox を使っていない場合でも、pip を使えば SKLL をインストールできます。

```
$ pip install skll
```

　Python 2.7 を使っている場合には、次のパッケージもインストールする必要があります。

```
$ pip install configparser futures logutils
```

9.5.1 データの準備

　SKLL は、訓練データとテストデータが同じファイル名で別のディレクトリに配置されていることを前提として動作します。しかし、この例では、交差検証を使うので、訓練データセットだけを指定すればよいということになります。交差検証は、データセット全体を一定数のサブセットに分割してその一部を訓練データとし、その他をテストデータとするテクニックです。これらのサブセットは、fold と呼ばれます（通常は、5-fold か 10-fold が使われます）。

　あとでデータポイントを簡単に識別できるようにするために、各行には識別子を追加する必要があります（予測は、元のデータセットと同じ順序ではありません）。

```
$ mkdir train
$ wine-white-clean.csv nl -s, -w1 -v0 | sed '1s/0,/id,/' > train/features.csv
```

9.5.2 実験の実行

predict-quality.cfg という名前の設定ファイルを作りましょう。

```
[General]
experiment_name = Wine
task = cross_validate

[Input]
train_location = train
featuresets = [["features.csv"]]
learners = ["LinearRegression","GradientBoostingRegressor","RandomForestRegressor"]
label_col = quality

[Tuning]
grid_search = false
feature_scaling = both
objective = r2

[Output]
log = output
results = output
predictions = output
```

実験は、コマンドラインツールの run_experiment（Educational Testing Service、2014）を使って実行します。

```
$ run_experiment -l predict-quality.cfg
```

-l オプションは、ローカルモードでの実行を指示します。SKLL は、クラスタで実験を実行することもできるようになっています。実験を実行するためにかかる時間は、選択したアルゴリズムの複雑度によって左右されます。

9.5.3 結果の解析

すべてのアルゴリズムを実行すると、結果は output ディレクトリに格納されています。

```
$ cd output
$ ls -1
Wine_features.csv_GradientBoostingRegressor.log
Wine_features.csv_GradientBoostingRegressor.predictions
Wine_features.csv_GradientBoostingRegressor.results
Wine_features.csv_GradientBoostingRegressor.results.json
Wine_features.csv_LinearRegression.log
Wine_features.csv_LinearRegression.predictions
Wine_features.csv_LinearRegression.results
Wine_features.csv_LinearRegression.results.json
Wine_features.csv_RandomForestRegressor.log
Wine_features.csv_RandomForestRegressor.predictions
Wine_features.csv_RandomForestRegressor.results
Wine_features.csv_RandomForestRegressor.results.json
Wine_summary.tsv
```

SKLL は、個々の学習で4つのファイルを生成します。1個のログ、2個の結果、1個の予測です。さらに、SKLL は、個々の fold についてのさまざまな情報（多すぎてとてもここで示すことはできません）を格納するサマリファイルを生成します。次の SQL クエリーを使えば、関連指標を抽出できます。

```
$ < Wine_summary.tsv csvsql --query "SELECT learner_name, pearson FROM stdin "\
> "WHERE fold = 'average' ORDER BY pearson DESC" | csvlook
|-------------------------------+----------------|
| learner_name                  | pearson        |
|-------------------------------+----------------|
```

| RandomForestRegressor | 0.741860521533 |
| GradientBoostingRegressor | 0.661957860603 |
LinearRegression	0.524144785555

ここでの関連列は、pearson、すなわち Pearson の順位相関です。これは、本当の順位（品質スコアの）と予測順位の間の相関を示す -1 から 1 までの値です。すべての予想をデータセットに貼り付け直しましょう。

```
$ parallel "csvjoin -c id train/features.csv <(< output/Wine_features.csv_{}"\
> ".predictions | tr '\t' ',') | csvcut -c id,quality,prediction > {}" ::: \
> RandomForestRegressor GradientBoostingRegressor LinearRegression
$ csvstack *Regres* -n learner --filenames > predictions.csv
```

そして Rio を使ってプロットを作ります（図 9-8 参照）。

```
$ < predictions.csv Rio -ge 'g+geom_point(aes(quality, round(prediction), '\
> 'color=learner), position="jitter", alpha=0.1) + facet_wrap(~ learner) + '\
> 'theme(aspect.ratio=1) + xlim(3,9) + ylim(3,9) + guides(colour=FALSE) + '\
> 'geom_smooth(aes(quality, prediction), method="lm", color="black") + '\
> 'ylab("prediction")' | display
```

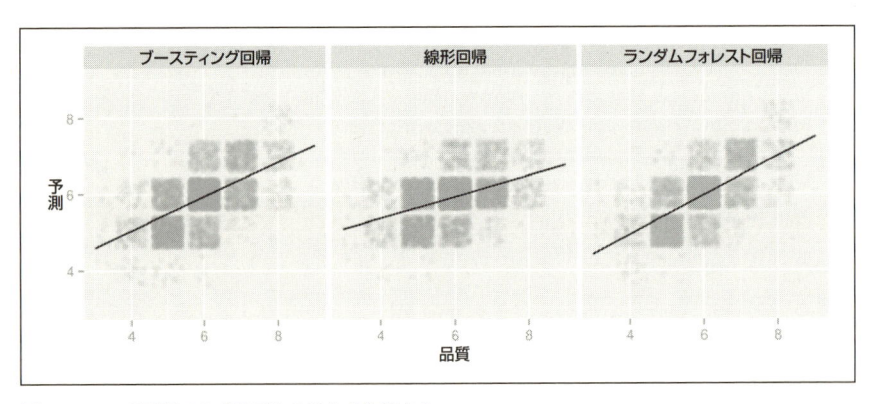

図 9-8　3 つの回帰アルゴリズムの出力を比較する

9.6　BigML を使った分類

　モデリングについての最後の節では、ワインを赤か白かに分類します。この目的のために、予測 API を提供する BigML を使います。そのため、実際のモデリングと予測はクラウドで行われますが、これは手持ちのコンピュータが提供できる以上のパワーが必要なときに役立ちます。

　予測 API は比較的新しいものですが、広く使われるようになってきているので、この章でも取り上げることにしました。ほかの予測 API としては、Google Prediction API [†] や Prediction IO [‡] があります。BigML の利点の 1 つは、bigmler という API とのインターフェイスとなる便利なコマンドラインツールを提供していることです。私たちは、このコマンドラインツールを本書で取り上げてきたほかのツールと同じように使うことができます。違いは、水面下でデータセットが BigML のサーバーに送られ、サーバーが分類を行なって結果を返してくることです。

9.6.1　バランスの取れた訓練、テストデータセットの作成

　まず、両クラスが平等に表現されるようにバランスの取れたデータセットを作ります。この目的のために、csvstack（Groskopf、2014）、shuf（Eggert、2012）、head、csvcut を使います。

```
$ csvstack -n type -g red,white wine-red-clean.csv \    ❶
> <(< wine-white-clean.csv body shuf | head -n 1600) |    ❷
> csvcut -c fixed_acidity,volatile_acidity,citric_acid,\    ❸
> residual_sugar,chlorides,free_sulfur_dioxide,total_sulfur_dioxide,\
> density,ph,sulphates,alcohol,type > wine-balanced.csv
```

この長いコマンドは、次のように分解されます。

- ❶ csvstack を使って複数のデータセットを結合しています。また、type という新しい列を作り、第 1 のファイル、wine-red-clean.csv からの行には red、第 2 のファイル、wine-white-clean.csv からの行には white という値を与えます。

- ❷ ファイルのリダイレクトを使って csvstack に第 2 のファイルを渡します。

---

† 　Google Prediction API：https://cloud.google.com/prediction/docs
‡ 　Prediction IO：http://prediction.io/

こうすることにより、wine-white-clean.csv のランダムな順列を作る shuf と
ヘッダーと最初の 1599 行だけを選択する head を使って一時ファイルを作
ることができます。

❸ bigmler はデフォルトで最後の列がラベルになっていることを前提として動
作するので、csvcut を使ってこのデータセットの列の順序を変更します。

では、parallel と grep を使ってクラスあたりのインスタンス数を数え、wine-balanced.csv が本当にバランスの取れたデータセットになっていることを確かめましょう。

```
$ parallel --tag grep -c {} wine-balanced.csv ::: red white
red   1599
white 1599
```

ご覧のように、wine-balanced.csv データセットには、1599 行の red、1599 行の white の情報が含まれています。次に、split (Granlund, Stallman, 2012) を使ってこのデータセットを訓練データセットとテストデータセットに分割します。

```
$ < wine-balanced.csv header > wine-header.csv                      ❶
$ tail -n +2 wine-balanced.csv | shuf | split -d -n r/2             ❷
$ parallel --xapply "cat wine-header.csv x0{1} > wine-{2}.csv" \    ❸
> ::: 0 1 ::: train tes
```

このコマンドも長いので分割して見てみましょう。

❶ header を使ってヘッダーを取り出し、wine-header.csv という一時ファイル
に保存します。

❷ tail と shuf を使って赤白のワインのデータを混ぜ、ラウンドロビン分配で
x00、x01 という名前の 2 つのファイルに分割します。

❸ cat を使って wine-header.csv に保存されているヘッダーと x00 に格納され
ている行を結合して wine-train.csv に保存します。x01 と wine-test.csv につ
いても同じことをします。--xapply オプションは、2 つの入力ソースを対応
する出力に送るように parallel に指示します。

wine-train.csv と wine-test.csv の両方について、クラスあたりのインスタンス数をチェックしてみましょう。

```
$ parallel --tag grep -c {2} wine-{1}.csv ::: train test ::: red white
train red 821
train white 778
test white 821
test red 778
```

私たちのデータセットはバランスが取れているように見えます。これで bigmler を使って予測 API を呼び出す準備が整いました。

9.6.2　API 呼び出し

BigML のユーザー名と API キーは、BigML デベロッパーページ (https://bigml.com/developers) で入手できます。~/.bashrc で BIGML_USERNAME、BIGML_API_KEY 変数に忘れずに適切な値をセットしてください。

API 呼び出しは非常にわかりやすく、オプションの意味は名前からはっきりとわかります。

```
$ bigmler --train data/wine-train.csv \
> --test data/wine-test-blind.csv \
> --prediction-info full \
> --prediction-header \
> --output-dir output \
> --tag wine \
> --remote
```

wine-test-blind.csv ファイルは、type 列（ラベル）を取り除いた wine-test.csv です。呼び出しが終了すると、output ディレクトリに結果が書き込まれます。

```
$ tree output
output
├── batch_prediction
├── bigmler_sessions
├── dataset
├── dataset_test
├── models
```

```
├── predictions.csv
├── source
└── source_test
```

```
0 directories, 8 files
```

9.6.3 結果のチェック

もっとも注目すべきファイルは output/predictions.csv です。

```
$ csvcut output/predictions.csv -c type | head
type
white
white
red
red
white
red
red
white
red
```

予測したラベルとテストデータセットのラベルは比較できます。分類ミスがいくつあったか数えてみましょう。

```
$ paste -d, <(csvcut -c type data/wine-test.csv) \     ❶
> <(csvcut -c type output/predictions.csv) |           ❷
> awk -F, '{ if ($1 != $2) {sum+=1 } } END { print sum }'
766
```

❶ data/wine-test.csv と output/predictions.csv の type 列を結合します。

❷ awk を使って2つの列の値が異なる行がいくつあるかを数えます。

ご覧のように BigML の API は、1,599 のワインのうち、766 の分類を間違えました。これはあまりよい結果ではありませんが、これはデータセットに対して何も考えずにアルゴリズムを適用した結果だということに注意してください。普通、こんなことはしません。列のチューニングにもっと時間をかければ、はるかによい結果が得られるはずです。

9.6.4 今後の方向

BigMLの予測APIは、使い方が非常に簡単です。しかし、本書で取り上げたコマンドラインツールの多くと同様に、ここではBigMLの機能のほんの一部を紹介しただけに過ぎません。次の機能があることも意識してください。

- BigMLのコマンドラインツール、bigmlerは、ローカルで処理をすることもできます。これはデバッグに役立ちます。

- 結果は、BigMLのWebインターフェイスでチェックすることもできます。

- BigMLは、回帰分析も実行できます。

BigMLの機能の本格的な紹介は、デベロッパーページ（https://bigml.com/developers）を参照してください。

本書では1つの予測APIを試すことができただけですが、データサイエンスを行う上で、予測APIは十分取り入れる価値のあるものだと私たちは考えています。

9.7 参考文献

- Conway, D., & White, J. M. (2012). Machine Learning for Hackers. O'Reilly Media.

- Lisitsyn, S., Widmer, C., & Garcia, F. J. I. (2013). Tapkee: An Efficient Dimension Reduction Library. Journal of Machine Learning Research, 14, 2355–2359.

- Cortez, P., Cerdeira, A., Almeida, F., Matos, T., & Reis, J. (2009). Modeling Wine Preferences by Data Mining from Physicochemical Properties. Decision Support Systems, 47(4), 547–553.

- Hall, M., Frank, E., Holmes, G., Pfahringer, B., Reutemann, P., & Witten, I. H. (2009). The WEKA Data Mining Software: An Update. SIGKDD Explorations, 11(1).

- Pearson, K. (1901). On lines and planes of closest fit to systems of points in space. Philosophical Magazine, 2(11), 559–572.

- Van der Maaten, L., & Hinton, G. E. (2008). Visualizing Data using t-SNE. Journal of Machine Learning Research, 9, 2579–2605.

10章
総まとめ

　本書もあと少しです。まず、今までの9つの章で述べてきたことを復習し、最後のアドバイスを3つして、本書の関連テーマを掘り下げるための参考文献を紹介します。最後に、疑問、感想、シェアしたい新しいコマンドラインツールなどができたときの連絡方法をまとめておきます。

10.1　復習しよう

　本書では、データサイエンスの仕事のためにコマンドラインがいかに力を発揮するかをさまざまな角度から見てきました。比較的新しい学問分野が生み出す課題に時間の試練を経てきたテクノロジーが挑みかかるのを見るのは面白いことです。読者は、コマンドラインにどのようなことができるのかを掴まれたことと思います。多くのコマンドラインツールは、データサイエンスをめぐるさまざまな課題に対処するためのあらゆる可能性を提供します。

　データサイエンスには、さまざまな定義があります。1章では、MasonとWiggensが定義したOSEMNモデルを紹介しました。この定義は実践的で、非常にはっきりと限定された課題を導き出すことができます。OSEMNという略語は、獲得（Obtaining）、クレンジング（Scrubbing）、精査（Exploring）、モデリング（Modeling）、解釈（iNterpretating）から来ています。1章では、コマンドラインがデータサイエンスの課題に非常に適している理由も説明しました。

　2章では、読者が自由に使えるData Science Toolboxのセットアップ方法と、本書に対応するバンドルのインストール方法を説明しました。また、コマンドラインの重要ツールと重要概念を紹介しました。

　OSEMNモデルの章—すなわち、3章（獲得）、5章（クレンジング）、7章（精査）、

9章（モデリング）—では、コマンドラインを使ってこれらの実践的な仕事をすることに集中しました。第5のステップであるデータの解釈のための章は作りませんでしたが、それはコマンドラインのみならず、コンピュータ自体がこの場面ではあまり役に立たないからです。

3つの幕間の章では、コマンドラインでデータサイエンスするために、ある特定のステップに限らない広いテーマを取り上げました。4章では、1行プログラムや既存のコードを再利用できるコマンドラインツールに変身させる方法を説明しました。6章では、Drakeというコマンドラインツールを使ってデータワークフローを管理する方法を説明しました。8章では、GNUParallelを使って通常のコマンドラインツールやパイプラインを並列実行しました。これらは、データワークフローのあらゆる場面で活用できるテーマです。

データサイエンスをするために活用できるすべてのコマンドラインツールを取り上げることはできません。新しいコマンドラインツールは、毎日のように作られています。今まで読んできてすでにおわかりのように、本書はツールの網羅的なリストを作ることではなく、コマンドラインを活用するという考え方を説明することを目的としています。

10.2　3つのアドバイス

今までの章を読み、サンプルコードを実際に検証するために、読者はおそらくかなりの時間を費やされたのではないでしょうか。読者がこのように労力をかけたことから最大限の結果を引き出し、データサイエンスのワークフローにコマンドラインを組み込み続けようと思うように、最後に（1）我慢強くあれ、（2）創造的であれ、（3）実践的であれの3つのアドバイスを贈りたいと思います。以下の3つの節で、それぞれのアドバイスについてどういうことなのかを詳しく説明します。

10.2.1　我慢強くあれ

最初のアドバイスは、「我慢強くあれ」ということです。コマンドラインでデータを操作するのは、プログラミング言語を使うのとは違いますから、違う思考態度が必要なのです。

さらに、コマンドラインツール自体にも、癖や首尾一貫しないところがあります。多くの異なる人々が開発してきたからということもありますし、何十年もかけて開発されてきたからということもあります。目が眩むほど多くのオプションを前にして迷

子になったような気分になったら、--help、man、普段使っているサーチエンジンなどで1つ先のことを学ぶことを忘れないようにしてください。

それでも、特に初心者のうちは、イライラすることがあります。でも、コマンドラインとツールを使う練習を重ねているうちに、あなたはきっと上達します。それを信じてください。コマンドラインはもう何十年も使われていますし、これからもまだ何十年も使われ続けていくでしょう。投資する価値のあるスキルです。

10.2.2　創造的であれ

第2のアドバイス、「創造的であれ」は、最初のアドバイスとも関連しています。コマンドラインは非常に柔軟です。コマンドラインツールを組み合わせれば、たぶんあなたが思っているレベルよりもすごいことが実現できます。

ですから、すぐにいつものプログラミング言語に戻ってしまわないようにしてください。そして、プログラミング言語を使わなければならないときには、そのコードを何らかの形で一般化できないか、再利用できないか考えてみてください。そういったことができるのであれば、4章で説明した手順を活用して、そのコードからあなた自身のコマンドラインツールを作りましょう。そのコマンドラインツールがほかの人にも役立つと思うなら、さらに1歩進めてそれをオープンソースにするといいかもしれません。

10.2.3　実践的であれ

第3のアドバイスは、実践的であれということです。実践的であるということは創造的であることと関連していますが、別個に取り上げるだけの意味があります。前節では、すぐにプログラミング言語に戻ってしまわないようにと言いました。もちろん、コマンドラインには限界があります。本書全体を通じて、コマンドラインはデータサイエンスの各ステップと密接に関連を持つアプローチとして考えるべきことを強調してきました。

本書では、データサイエンスの仕事のうち4つのステップとコマンドラインの関わりを説明してきました。実践的には、ステップ4よりもステップ1の方がコマンドラインを活用しやすいはずです。使うべきアプローチは、目の前の課題にもっとも適したアプローチです。そして、ワークフローのあらゆる地点で、複数のアプローチを融合するのはまったく正しいことです。コマンドラインは、ほかのアプローチ、プログラミング言語、統計計算環境などとの統合に非常に適しています。どの方法にも、

固有のトレードオフがあります。コマンドラインを使いこなす能力の一部は、いつ何を使うべきかを知ることです。

忍耐強く、創造的、実践的であれば、コマンドラインはあなたをもっと有能で多くの仕事を生み出せるデータサイエンティストにしてくれるはずです。

10.3　ここからどうするか

本書はコマンドラインとデータサイエンスが交差するところについて説明してきたので、関連するテーマの多くには軽く触れただけで終わってしまっています。読者の皆さんには、それらのテーマを深く掘り下げていただきたいと思います。以下の節では、テーマ別に参考文献リストを掲げておきます。

- Russell, M.（2013）. Mining the Social Web（2nd Ed.、http://bit.ly/mining_social_web_2e）. O'Reilly Media. 日本語版は『入門ソーシャルデータ 第2版―ソーシャルデータのデータマイニング』、2014年。

10.3.1　シェルプログラミング

- Winterbottom, D.（2014）. commandlinefu.com.（http://www.commandlinefu.com）より取得。

- Peek, J., Powers, S., O'Reilly, T., &Loukides, M.（2002）. Unix Power Tools 3rd Ed.、http://bit.ly/Unix_Power_Tools_3e）. O'Reilly Media. 日本語版は『Unix パワーツール 第3版』、2003年。

- Goyvaerts, J., &Levithan, S.（2012）. Regular Expressions Cookbook 2nd Ed.、http://bit.ly/regex_cookbook_2e）. O'Reilly Media.

- Cooper, M.（2014）. "Advanced Bash-Scripting Guide." 2014年5月10日 http://www.tldp.org/LDP/abs/html より取得。

10.3.2　Python、R、SQL

- Wickham, H.（2009）. ggplot2: Elegant Graphics for Data Analysis. Springer.

- McKinney, W.（2012）. Python for Data Analysis. O'Reilly Media. 日本語版は『Pythonによるデータ分析入門―NumPy、pandasを使ったデータ処理』、2013年。

- Rossant, C.（2013）. Learning IPython for Interactive Computing and Data Visualization. Packt Publishing.

10.3.3　データの解釈

- Shron, M.（2014）. Thinking with Data. O'Reilly Media.

- Patil, D. J.（2012）d. "Data Jujitsu". O'Reilly Media.

10.4　連絡先

本書は、コマンドラインと無数のコマンドラインツールを作ってくれた多くの人々がいなければ成り立たなかったでしょう。現在のデータサイエンス用コマンドラインツールのエコシステムは、コミュニティによる作品だと行って間違いありません。本書では、使えるコマンドラインツールの多くをちらりと見ることしかできませんでした。しかし、毎日新しいツールが作られており、いずれあなた自身が新しいツールを作るようになるでしょう。その場合には、是非話を聞かせてください。また、疑問、感想、提案などがありましたら、ぜひお聞かせ願いたいと思います。連絡方法をまとめておきます。

- Email: jeroen@jeroenjanssens.com

- Twitter: @jeroenhjanssens

- Book website: http://datascienceatthecommandline.com/

- GitHub: https://github.com/jeroenjanssens/data-science-at-the-command-line

付録 A
コマンドラインツール一覧

　この付録は、本書で取り上げたすべてのコマンドラインツールの概要をまとめたものです。バイナリの実行可能ファイル、インタープリタに与えられるスクリプト、Bash の組み込みコマンドやキーワードが含まれます。個々のコマンドラインツールについて、以下の情報（それが存在し、適切であれば）をまとめてあります。

- コマンドラインに入力する実際のコマンド
- 説明
- 所属するパッケージの名前
- 本書で使われているバージョン
- そのバージョンがリリースされた年
- 主要な作者
- より詳しい情報が掲載されているウェブサイト
- インストール方法
- ヘルプ情報の入手方法
- 使用例

　ここに含まれているコマンドラインツールは、すべて 2 章でセットアップした Data

Science Toolboxに含まれています。ツールボックスのセットアップ方法については、2章を参照してください。

alias

エイリアス（別名）を定義、または表示します。Bashの組み込みコマンドです。

```
$ help alias
$ alias ll='ls -alF'
```

awk

パターンをスキャンし、テキストを処理する言語です。Mike BrennanによるMawk（ver.A.3.3、1994年）を使っています。http://invisible-island.net/mawk 参照。

```
$ sudo apt-get install mawk
$ man awk
$ seq 5 | awk '{sum+=$1} END {print sum}'
15
```

aws

EC2、S3などのAWS Servicesをコマンドラインから管理します。AmazonWeb ServiceによるAWS Command Line Interface（ver.1.3.24、2014年）を使っています。http://aws.amazon.com/cli 参照。

```
$ sudo pip install awscli
$ aws help
$ aws ec2 describe-regions | head -n 5
{
    "Regions": [
        {
            "Endpoint": "ec2.eu-west-A.amazonaws.com",
            "RegionName": "eu-west-1"
```

bash

GNU Bourne-Again SHell。Brian Fox、Chet RameyのBash（ver.4.3、2010年）を使っています。http://www.gnu.org/software/bash 参照。

```
$ sudo apt-get install bash
$ man bash
```

bc

標準入力から送られてきた式を評価します。Philip A. Nelson の Bc（ver.A.06.95、2006 年）を使っています。http://www.gnu.org/software/bc 参照。

```
$ sudo apt-get install bc
$ man bc
$ echo 'e(1)' | bc -l
2.71828182845904523536
```

bigmler

BigML の予測 API にアクセスします。BigML の BigMLer（ver.A.12.2、2014 年）を使っています。http://bigmler.readthedocs.org 参照。

```
$ sudo pip install bigmler
$ bigmler --help
```

body

最初の行以外のすべての行に式を適用します。ヘッダー付きの CSV ファイルに古典的なコマンドラインツールを適用したいときに役に立ちます。Jeroen H.M. Janssens の Body（2014 年）を使っています。https://github.com/jeroenjanssens/data-science-at-the-command-line 参照。

```
$ git clone https://github.com/jeroenjanssens/data-science-at-the-commandline.git
$ echo -e "value\n7\n2\n5\n3" | body sort -n
value
2
3
5
7
```

cat

ファイル、標準入力を結合し、標準出力に書き出します。Torbjorn Granlund、

Richard M. Stallman の Cat（ver.8.21、2012 年）を使っています。http://www.gnu.org/software/coreutils 参照。

```
$ sudo apt-get install coreutils
$ man cat
$ cat results-01 results-02 results-03 > results-all
```

cd

シェルの作業ディレクトリを変更します。Cd は Bash の組み込みコマンドです。

```
$ help cd
$ cd ~; pwd; cd ..; pwd
/home/vagrant
/home
```

chmod

ファイルのモードビットを書き換えます。コマンドラインツールを実行可能にするために使いました。David MacKenzie、Jim Meyering の Chmod（ver.8.21、2012 年）を使っています。http://www.gnu.org/software/coreutils 参照。

```
$ sudo apt-get install coreutils
$ man chmod
$ chmod u+x experiment.sh
```

cols

列のサブセットにコマンドを適用し、ほかの列とその結果を結合して返します。Jeroen H.M. Janssens の Cols（2014 年）を使っています。https://github.com/jeroenjanssens/data-science-at-the-command-line 参照。

cowsay

メッセージ付きの雌牛の ASCII アートを出力します。パイプラインの構築がうまくいかず、かなりイライラしてきたときに役立ちます。Tony Monroe の Cowsay（ver.3.03+dfsg1、1999 年）を使っています。

```
$ sudo apt-get install cowsay
$ man cowsay
$ echo 'The command line is awesome!' | cowsay
 _____
< The command line is awesome! >
 ------------------------------
        \   ^__^
         \  (oo)_____
            (__)\       )\/\
                ||----w |
                ||     ||
```

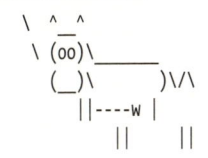

cp

ファイルやディレクトリをコピーします。Torbjorn Granlund、David MacKenzie、Jim Meyering の Cp（ver.8.21、2012 年）を使っています。http://www.gnu.org/software/coreutils 参照。

```
$ sudo apt-get install coreutils
$ man cp
```

csvcut

CSV データから列を抽出します。cut と似ていますが、表形式のデータを対象としています。Christopher Groskopf の Csvkit（ver.0.8.0、2014 年）を使っています。http://csvkit.readthedocs.org 参照。

```
$ sudo pip install csvkit
$ csvcut --help
```

csvgrep

表データをフィルタリングして、特定の列が特定の値になっているか、正規表現にマッチしている行だけを返します。Christopher Groskopf の Csvkit（ver.0.8.0、2014 年）を使っています。http://csvkit.readthedocs.org 参照。

```
$ sudo pip install csvkit
$ csvgrep --help
```

csvjoin

SQLJOIN 操作とよく似た方法で複数の CSV の表を結合します。Christopher Groskopf の Csvkit（ver.0.8.0、2014 年）を使っています。http://csvkit.readthedocs.org 参照。

```
$ sudo pip install csvkit
$ csvjoin --help
```

csvlook

CSV ファイルを読みやすい固定幅形式でコマンドラインに表示します。Christopher Groskopf の Csvkit（ver.0.8.0、2014 年）を使っています。http://csvkit.readthedocs.org 参照。

```
$ sudo pip install csvkit
$ csvlook --help
$ echo -e "a,b\n1,2\n3,4" | csvlook
|----+----|
|  a |  b |
|----+----|
|  1 |  2 |
|  3 |  4 |
|----+----|
```

csvsort

CSV ファイルをソートします。sort と似ていますが、表形式のデータを対象としています。Christopher Groskopf の Csvkit（ver.0.8.0、2014 年）を使っています。http://csvkit.readthedocs.org 参照。

```
$ sudo pip install csvkit
$ csvsort --help
```

csvsql

CSV データに直接 SQL クエリーを実行したり、データベースに CSV データを挿入したりします。Christopher Groskopf の Csvkit（ver.0.8.0、2014 年）を使っています。http://csvkit.readthedocs.org 参照。

```
$ sudo pip install csvkit
$ csvsql --help
```

csvstack

複数の CSV ファイルからの行をスタックに積んでいきます。オプションで各行にグループ化因子の値を追加します。Christopher Groskopf の Csvkit（ver.0.8.0、2014 年）を使っています。http://csvkit.readthedocs.org 参照。

```
$ sudo pip install csvkit
$ csvstack --help
```

csvstat

CSV ファイルのすべての列の記述統計を表示します。Christopher Groskopf の Csvkit（ver.0.8.0、2014 年）を使っています。http://csvkit.readthedocs.org 参照。

```
$ sudo pip install csvkit
$ csvstat --help
```

curl

URL からデータをダウンロードします。Daniel Stenberg の cURL（ver.7.35.0、2012 年）を使っています。http://curl.haxx.se 参照。

```
$ sudo apt-get install curl
$ man curl
```

curlicue

curl のために OAuth ダンスを実行します。Decklin Foster の Curlicue（2014 年）を使っています。https://github.com/decklin/curlicue 参照。

```
$ git clone https://github.com/decklin/curlicue.git
```

cut

ファイルの各行から指定された部分を取り除きます。David M. Ihnat、David Mac Kenzie、Jim Meyering の Cut（ver.8.21）を使っています。http://www.gnu.org/

software/coreutils 参照。

```
$ sudo apt-get install coreutils
$ man cut
```

display

Xサーバにイメージ、イメージシーケンスを表示します。標準入力からイメージデータを読むことができます。Image Magick Studio LLC の Display（ver.8:6.7.7.10、2009 年）を使っています。http://www.imagemagick.org 参照。

```
$ sudo apt-get install imagemagick
$ man display
```

drake

データフローを管理します。Factual の Drake（ver.0.A.6、2014 年）を使っています。https://github.com/Factual/drake 参照。

```
$ # インストール方法は 6 章を参照してください。
$ drake --help
```

dseq

現在日からの相対的な指定により、日付のシーケンスを生成します。Jeroen H.M. Janssens の Dseq（2014 年）を使っています。https://github.com/jeroenjanssens/data-science-at-the-command-line 参照。

```
$ git clone https://github.com/jeroenjanssens/data-science-at-the-commandline.git
$ dseq -2 0 # 一昨日から今日まで
2014-07-15
2014-07-16
2014-07-17
```

echo

1行のテキストを表示します。Brian Fox、Chet Ramey の Echo（ver.8.21、2012 年）を使っています。http://www.gnu.org/software/coreutils 参照。

```
$ sudo apt-get install coreutils
$ man echo
```

env

変更した環境でプログラムを実行します。どのインタープリタにスクリプトを実行させるかを指定するためによく使われます。Richard Mlynarik、David MacKenzie の Env（ver.8.21、2012 年）を使っています。

```
$ sudo apt-get install coreutils
$ man env
$ #!/usr/bin/env python
```

export

シェル変数のためにエクスポート属性を設定します。シェル変数をほかのコマンドラインツールでも使えるようにします。Export は Bash 組み込みコマンドです。

```
$ help export
$ export WEKAPATH=$HOME/bin
```

feedgnuplot

データを標準出力に渡しながら gnuplot のためのスクリプトを生成します。Dima Kogan の Feedgnuplot（ver.1.32、2014 年）を使っています。http://search.cpan.org/perldoc?feedgnuplot 参照。

```
$ sudo apt-get install feedgnuplot
$ man feedgnuplot
```

fieldsplit

特定のフィールドの値に従ってファイルを複数のファイルに分割します。Jeremy Hinds、Jason Gessner、Jim Renwick、Norman Gocke、Rodofo Granata、Tobias Wolff の Fieldsplit（ver.2010-01、2010 年）を使っています。http://code.google.com/p/crush-tools 参照。

```
$ # インストールの方法については Web サイトを参照してください
$ fieldsplit --help
```

find

ディレクトリ階層内のファイルを探します。James Youngman の Find（ver.4.4.2、2008 年）を使っています。http://www.gnu.org/software/findutils 参照。

```
$ sudo apt-get install findutils
$ man find
```

for

リスト内の個々のメンバーに対してコマンドを実行します。8 章では for ではなく parallel を使ったときのメリットを説明しています。For は Bash のキーワードです。

```
$ help for
$ for i in {A..C} "It's easy as" {A..3}; do echo $i; done
A
B
C
It's easy as
1
2
3
```

git

分散バージョン管理システム、Git のリポジトリを管理します。Linus Torvaldsand Junio C. Hamano の Git（ver.1:1.9.1、2014 年）を使っています。http://git-scm.com 参照。

```
$ sudo apt-get install git
$ man git
```

grep

パターンにマッチした行を表示します。Jim Meyering の Grep（ver.2.16、2012 年）を使っています。http://www.gnu.org/software/grep 参照。

```
$ sudo apt-get install grep
$ man grep
```

head

ファイルの先頭部分を出力します。David MacKenzie、Jim Meyering の Head （ver.8.21、2012 年）を使っています。http://www.gnu.org/software/coreutils 参照。

```
$ sudo apt-get install coreutils
$ man head
$ seq 5 | head -n 3
1
2
3
```

header

ヘッダー行を追加、置換、削除します。Jeroen H.M. Janssens の Header（2014 年）を使っています。https://github.com/jeroenjanssens/data-science-at-the-command-line 参照。

```
$ git clone https://github.com/jeroenjanssens/data-science-at-the-commandline.git
$ header -h
```

in2csv

ありふれた表形式データを CSV 形式に変換します。Christopher Groskopf の Csvkit（ver.0.8.0、2014 年）を使っています。http://csvkit.readthedocs.org 参照。

```
$ sudo pip install csvkit
$ in2csv --help
```

jq

JSON を処理します。Stephen Dolan の Jq（ver.jq-1.4、2014 年）を使っています。http://stedolan.github.com/jq 参照。

```
$ # インストール方法はウェブサイトを参照してください
$ # ドキュメントはウェブサイトを参照してください
```

json2csv

JSON を CSV に変換します。Jehiah Czebotar の Json2Csv（ver.1.1、2014 年）を

使っています。https://github.com/jehiah/json2csv 参照。

```
$ go get github.com/jehiah/json2csv
$ json2csv --help
```

less

大きなファイルをページごとに表示します。Mark Nudelman の Less（ver.458、2013 年）を使っています。http://www.greenwoodsoftware.com/less 参照。

```
$ sudo apt-get install less
$ man less
$ csvlook iris.csv | less
```

ls

ディレクトリの内容一覧を表示します。Richard M. Stallman、David MacKenzie の Ls（ver.8.21、2012 年）を使っています。http://www.gnu.org/software/coreutils 参照。

```
$ sudo apt-get install coreutils
$ man ls
```

man

コマンドラインツールのリファレンスマニュアルを表示します。John W. Eaton、Colin Watson の Man（ver.2.6.7.1、2014 年）を使っています。

```
$ sudo apt-get install man
$ man man
$ man grep
```

mkdir

ディレクトリを作ります。David MacKenzie の Mkdir（ver.8.21、2012 年）を使っています。http://www.gnu.org/software/coreutils 参照。

```
$ sudo apt-get install coreutils
$ man mkdir
```

mv

ファイル、ディレクトリを移動、または名称変更します。Mike Parker、David Mac Kenzie、Jim Meyering の Mv（ver.8.21、2012 年）を使っています。http://www.gnu.org/software/coreutils 参照。

```
$ sudo apt-get install coreutils
$ man mv
```

parallel

標準入力からシェルコマンドラインを組み立て並列実行します。Ole Tange の GNUParallel（ver.20140622、2014 年）を使っています。http://www.gnu.org/software/parallel 参照。

```
$ # インストール方法はウェブサイトを参照してください
$ man parallel
$ seq 3 | parallel echo Processing file {}.csv
Processing file A.csv
Processing file 2.csv
Processing file 3.csv
```

paste

ファイルの行をマージします。David M. Ihnat、David MacKenzie の Paste（ver.8.21、2012 年）を使っています。http://www.gnu.org/software/coreutils 参照。

```
$ sudo apt-get install coreutils
$ man paste
```

pbc

parallel を使って bc を実行します。入力 CSV の第 1 列は {1}、第 2 列は {2} にマッピングされます。https://github.com/jeroenjanssens/data-science-at-the-commandline 参照。

```
$ git clone https://github.com/jeroenjanssens/data-science-at-the-commandline.git
$ seq 5 | pbc '{1}^2'
1
```

```
4
9
16
25
```

pip

Pythonパッケージをインストール、管理します。PyPAのPip（ver.1.5.4、2014年）を使っています。https://pip.pypa.io 参照。

```
$ sudo apt-get install python-pip
$ man pip
```

pwd

現在の作業ディレクトリ名を表示します。Pwd（ver.8.21）は、Jim Meyeringによる Bash（2012年）の組み込みコマンドです。http://www.gnu.org/software/coreutils 参照。

```
$ man pwd
$ pwd
/home/vagrant
```

python

インタープリタ言語で対話的に操作できるオブジェクト指向プログラミング言語、Pythonを実行します。Python Software FoundationのPython（ver.2.7.5、2014年）を使っています。http://www.python.org 参照。

```
$ sudo apt-get install python
$ man python
```

R

Rプログラミング言語でデータを分析し、視覚化イメージを作ります。Ubuntuに最新バージョンのRをインストールする方法については、http://bit.ly/ubuntu_packages_for_R を参照してください。R Foundation for Statistical ComputingのR（ver.3.1.1、2014年）を使っています。http://www.r-project.org 参照。

```
$ sudo apt-get install r-base-dev
$ man R
```

Rio

標準入力から CSV を data.frame として R にロードし、指定されたコマンドを実行して、CSV または PNG として出力します。Jeroen H.M. Janssens の Rio（2014 年）を使っています。https://github.com/jeroenjanssens/data-science-at-the-command-line 参照。

```
$ git clone https://github.com/jeroenjanssens/data-science-at-the-commandline.git
$ Rio -h
$ seq 10 | Rio -nf sum
55
```

Rio-scatter

Rio を使って CSV から散布図を作ります。Jeroen H.M. Janssens の Rio-scatter（2014 年）を使っています。https://github.com/jeroenjanssens/data-science-at-the-command-line 参照。

```
$ git clone https://github.com/jeroenjanssens/data-science-at-the-commandline.git
$ < iris.csv Rio-scatter sepal_length sepal_width species > iris.png
```

rm

ファイル、ディレクトリを削除します。Paul Rubin、David MacKenzie、Richard M. Stallman、Jim Meyering の Rm（ver.8.21、2012 年）を使っています。http://www.gnu.org/software/coreutils 参照。

```
$ sudo apt-get install coreutils
$ man rm
```

run_experiment

Python の scikit-learn パッケージを使って機械学習の実験を実行します。Educational Testing Service の SciKit-Learn Laboratory（ver.0.26.0、2014 年）を使っ

ています。https://skll.readthedocs.org 参照。

```
$ sudo pip install skll
$ run_experiment --help
```

sample
指定された確率で、指定された期間中、行間に指定されたディレイを入れて標準入力の行を出力します。Jeroen H.M. Janssens の Sample（2014 年）を使っています。https://github.com/jeroenjanssens/data-science-at-the-command-line 参照。

```
$ git clone https://github.com/jeroenjanssens/data-science-at-the-commandline.git
$ sample --help
```

scp
リモートファイルをセキュアにコピーします。Timo Rinne、Tatu Ylonen の Scp（ver.1:6.6pl、2014 年）を使っています。http://www.openssh.com 参照。

```
$ sudo apt-get install openssh-client
$ man scp
```

scrape
XPath クエリーか CSS3 セレクタを使って HTML 要素を抽出します。Jeroen H.M. Janssens の Scrape（2014 年）を使っています。https://github.com/jeroenjanssens/data-science-at-the-command-line 参照。

```
$ git clone https://github.com/jeroenjanssens/data-science-at-the-commandline.git
$ curl -sL 'http://datasciencetoolbox.org' | scrape -e 'head > title'
<title>Data Science Toolbox</title>
```

sed
テキストをフィルタリング、変換します。Jay Fenlason、Tom Lord、Ken Pizzini、Paolo Bonzini の Sed（ver.4.2.2、2012 年）を使っています。http://www.gnu.org/software/sed 参照。

```
$ sudo apt-get install sed
$ man sed
```

seq
一連の数値を出力します。Ulrich Drepper の Seq（ver.8.21、2012 年）を使っています。http://www.gnu.org/software/coreutils 参照。

```
$ sudo apt-get install coreutils
$ man seq
$ seq 5
1
2
3
4
5
```

shuf
ランダムな順列を生成します。Paul Eggert の Shuf（ver.8.21、2012 年）を使っています。http://www.gnu.org/software/coreutils 参照。

```
$ sudo apt-get install coreutils
$ man shuf
```

sort
テキストファイルの行をソートします。Mike Haertel、Paul Eggert の Sort（ver.8.21、2012 年）を使っています。http://www.gnu.org/software/coreutils 参照。

```
$ sudo apt-get install coreutils
$ man sort
```

split
ファイルを部分に分割します。Torbjorn Granlund、Richard M. Stallman の Split（ver.8.21、2012 年）を使っています。http://www.gnu.org/software/coreutils 参照。

```
$ sudo apt-get install coreutils
$ man split
```

sql2csv

SQLデータベースに対して任意のコマンドを実行し、結果をCSV形式で出力します。Christopher GroskopfのCsvkit（ver.0.8.0、2014年）を使っています。http://csvkit.readthedocs.org 参照。

```
$ sudo pip install csvkit
$ sql2csv --help
```

ssh

リモートマシンにログインします。Tatu Ylonen、Aaron Campbell、Bob Beck、Markus Friedl、Niels Provos、Theode Raadt、Dug Song、Markus FriedlのOpenSSHクライアント（ver.1.8.9、2014年）を使っています。http://www.openssh.com 参照。

```
$ sudo apt-get install ssh
$ man ssh
```

sudo

指定したユーザーのアカウントでコマンドを実行します。Todd C. MillerのSudo（ver.1.8.9p5、2013年）を使っています。http://www.sudo.ws/sudo 参照。

```
$ sudo apt-get install sudo
$ man sudo
```

tail

ファイルの最後の部分を出力します。Paul Rubin、David MacKenzie、Ian Lance Taylor、Jim MeyeringのTail（ver.8.21、2012年）を使っています。http://www.gnu.org/software/coreutils 参照。

```
$ sudo apt-get install coreutils
$ man tail
$ seq 5 | tail -n 3
3
4
5
```

tapkee

さまざまなアルゴリズムを使ってデータの次元圧縮を行います。Sergey Lisitsyn、Fernando Iglesias の Tapkee（2014年）を使っています。http://tapkee.lisitsyn.me 参照。

```
$ # インストール方法は Web サイトを参照してください
$ tapkee --help
$ < iris.csv cols -C species body tapkee --method pca | header -r x,y,species
```

tar

TAR アーカイブの作成、内容リストの表示、ファイルの抽出を行います。Jeff Bailey、Paul Eggert、Sergey Poznyakoff の Tar（ver.1.27.1、2014年）を使っています。http://www.gnu.org/software/tar 参照。

```
$ sudo apt-get install tar
$ man tar
```

tee

標準入力を読み出し、標準出力とファイルに書き込みます。Mike Parker、Richard M. Stallman、David MacKenzie の Tee（ver.8.21、2012年）を使っています。http://www.gnu.org/software/coreutils 参照。

```
$ sudo apt-get install coreutils
$ man tee
```

tr

文字を変換、削除します。Jim Meyering の Tr（ver.8.21、2012年）を使っています。http://www.gnu.org/software/coreutils 参照。

```
$ sudo apt-get install coreutils
$ man tr
```

tree

ディレクトリの内容を木構造がはっきりわかる形で表示します。Steve Baker の Tree（ver.A.6.0、2014年）を使っています。https://launchpad.net/ubuntu/+sour

ce/tree 参照。

```
$ sudo apt-get install tree
$ man tree
```

type
コマンドラインツールのタイプを表示します。TypeはBash組み込みコマンドです。

```
$ help type
$ type cd
cd is a shell builtin
```

uniq
反復行を報告、または省略します。Richard M. Stallman、David MacKenzieのUniq（ver.8.21、2012年）を使っています。http://www.gnu.org/software/coreutils 参照。

```
$ sudo apt-get install coreutils
$ man uniq
```

unpack
よく使われている圧縮形式からファイルを抽出します。Patrick BrisbinのUnpack（2013年）を使っています。https://github.com/jeroenjanssens/data-science-at-the-command-line 参照。

```
$ git clone https://github.com/jeroenjanssens/data-science-at-the-commandline.git
$ unpack file.tgz
```

unrar
RARアーカイブからファイルを抽出します。Ben Asselstine、Christian Scheurer、Johannes WinkelmannのUnrar（ver.1:0.0.1+cvs20071127、2014年）を使っています。http://home.gna.org/unrar 参照。

```
$ sudo apt-get install unrar-free
$ man unrar
```

unzip

ZIP アーカイブの内容を表示したり、圧縮ファイルをテスト、抽出したりします。Samuel H. Smith の Unzip（ver.6.0、2009 年）を使っています。

```
$ sudo apt-get install unzip
$ man unzip
```

wc

各ファイルの改行、単語、バイト数を表示します。Paul Rubin、David MacKenzie の Wc（ver.8.21、2012 年）を使っています。http://www.gnu.org/software/coreutils 参照。

```
$ sudo apt-get install coreutils
$ man wc
$ echo 'hello world' | wc -c
12
```

weka

Weka は、データマイニングの作業に使える機械学習アルゴリズムのコレクションで、Mark Hall、Eibe Frank、Geoffrey Holmes、Bernhard Pfahringer、Peter Reutemann、Ian H. Witten が作ったものです。このコマンドラインツールは、コマンドラインから Weka を実行できるようにします。Jeroen H.M. Janssens の Wekacommandlinetool（2014 年）を使っています。https://github.com/jeroenjanssens/data-science-at-the-command-line 参照。

```
$ git clone https://github.com/jeroenjanssens/data-science-at-the-commandline.git
```

which

コマンドラインツールが格納されている場所を探します。Bash 組み込みコマンドに対しては機能しません。作者不詳の Which（2009 年）を使っています。

```
$ man which
$ which man
/usr/bin/man
```

xml2json

XMLをJSONに変換します。Francois ParmentierのXml2Json（ver.0.0.2、2014年）を使っています。https://github.com/parmentf/xml2json 参照。

```
$ npm install xml2json-command
$ xml2json < input.xml > output.json
```

付録B
日本語処理

太田 満久

　本付録では、日本でデータ分析するにあたって避けることのできない日本語の取り扱いについて簡単に紹介したいと思います。日本語の取り扱いで最も注意しなければならないのは文字コードです。特にウェブのクローリング結果やログ、公的機関などから公開されているオープンデータなど、様々な情報源からデータを取得して分析を行う場合は情報源毎に文字コードが違う可能性がありますし、受託分析でしたら受領データの文字コードが事前にわからない場合もありますから、注意が必要です。

　文字コードを気にせずに本書で出てきたツールを適用すると、予想外の結果となってしまう事があります。最も簡単な例として、付録Aに記載されている方法で、日本語テキストの文字数を数えてみましょう。

```
$ echo "日本語" | wc -c
        10
```

　3文字+改行コードですから、結果は4となることを期待したいところですが、実際には10となります。これはwcの-cオプションが、文字数ではなくバイト数を表示するオプションだからです。日本語を含むマルチバイト文字はバイト数と文字数が対応しません。今回の場合ですと、「日」「本」「語」という文字がUTF-8でそれぞれ3バイトのため、9バイト+改行コードで10となったのです。バイト数ではなく文字数を数えるには-cではなく-mオプションを使います。

```
$ echo "日本語" | wc -m
        4
```

　うまくいっているように見えますが、実はこれでうまくいくのは文字コードがロ

ケールと同じ UTF-8 であるためです。例えば Shift_JIS で保存したテキストに対して同じコマンドで文字数を数えようとすると、以下のようになります。

```
$ wc -m sjis.txt # Shift_JIS で " 日本語 " と書かれたテキストファイル
wc: sjis.txt: Illegal byte sequence
       7 sjis.txt
```

エラーとともに、期待していない数値が表示されてしまいました。この場合、文字数を数えるには UTF-8 に一旦変換したあとで上記のコマンドを実行しなければなりません。

このように日本語を含むデータを扱う際には入力データの文字コードに注意が必要です。本章では、あくまで実用という観点から

- 文字コードと関係して起こりがちな問題

- 文字コードを取り扱うツール

を紹介したいと思います。文字コードの理論的側面や厳密な定義につきましては本書の範囲を超えますので、他書を参照していただければと思います。

B.1　文字コードと関係して起こりがちな問題

　文字コードとは、文字をコンピューターで表現するために各文字に割り当てたコード、またその体系のことです。Windows では CP932（Windows Codepage 932）、Mac OS X、Linux などでは UTF-8 がよく使われます。

　ひとつの文字を表すのに複数の表現方法がありますので、注意して取り扱わないと様々な問題が発生します。分析という観点からよく遭遇するのは以下のような問題でしょうか。

文字コードの違うファイルをそのまま処理してしまったために発生する文字化け
　　自社システムから出力されたものについては、ほとんど心配する必要はありません。しかしながら、データ作成者のアドホックな対応などにより人手で作成されたデータを取り扱うことがあります。そのような場合、特定の期間だけ文字コードが違うようなデータを取り扱うことになるかもしれません。

Windows の拡張文字の文字化けやエラー

例えば NEC 特殊文字の①という文字がデータに含まれていたとします。この特殊文字は、CP932 では定義されていますが Shift_JIS では定義されていません。このような拡張文字が含まれる可能性がある場合には、非常に気づきにくいエラーとなることがあります。

パーセントエンコーディングされた文字列をデコードする際のエラー

ウェブの検索クエリは、ブラウザ上でパーセントエンコード（URL エンコード）されてからサーバーに送信されます。検索クエリを分析する際には、パーセントエンコーディングされたクエリを一旦人間の認識できる文字に変換（デコード）しなければなりません。

デコードする際、ログの仕様によってはクエリ文字列が途中で途切れてしまう場合があります。例えば UTF-8 の " 日本語 " の " 日 " という文字は、パーセントエンコーディングでは %e6%97%a5 となりますが、ログの長さ制限のために %e6%97 までしか保存されないような状況です。当然 %e6%97 に対応する文字が無いため、デコードに失敗してしまいます。

パーセントエンコーディング処理はクライアント側で行われるため、パーセントエンコーディングの元となる文字コードが行によって異なる、という状況に出くわすこともあります。

こういった問題に悩まされないために最も簡単な対処法は、「すべてのデータを UTF-8 に変換してから処理をする」という方針をとることです。UTF-8 であれば、多くのコマンドラインツールが対応していますので、問題の発生は抑えられます。文字コードを変換することによって、元の文字コードでは別々だった文字が同じ文字にマッピングされてしまうなどの問題が発生することはありますが、分析という観点に絞れば、大きな問題となることは少ないでしょう。

それでは、実際に文字コードを変換してみましょう。

B.2　文字コードを変換する

まずは入力文字コードが既知の場合です。この場合は、ほとんどのディストリビューションに標準で付属している iconv というツールが使えます。

```
$ iconv -f SJIS -t UTF-8 sjis.txt
日本語
-f ENCODING, --from-code ENCODING : 入力文字コード
-t ENCODING, --to-code ENCODING : 出力文字コード
```

これらのオプションに指定することのできる文字コードは -l (--list) オプションで確認することができます。

```
$ iconv -l
The following list contains all the coded character sets known.  This does
not necessarily mean that all combinations of these names can be used for
the FROM and TO command line parameters.  One coded character set can be
listed with several different names (aliases).

  437, 500, 500V1, 850, 851, 852, 855, 856, 857, 860, 861, 862, 863, 864, 865,
  866, 866NAV, 869, 874, 904, 1026, 1046, 1047, 8859_1, 8859_2, 8859_3, 8859_4,
  8859_5, 8859_6, 8859_7, 8859_8, 8859_9, 10646-1:1993, 10646-1:1993/UCS4,
  ...
```

先ほどの文字数を数える例に戻ると、iconv を使うことで無事に文字数を数えることができます。

```
$ iconv -f SJIS  sjis.txt | wc -m
       4
```

ところで、-f に SJIS を指定しましたが、Windows（CP932）を用いて作られたファイルを処理する場合、これでは問題がでることがあります。例えば メモ帳で①と書いたテキストを作成し、上記コマンドに入力してみると、エラーがでてしまいます。文字コードに SJIS を指定した場合は NEC 特殊文字を処理できないためです。この問題は、入力文字コードに CP932 を指定することで解決できます。Windows 環境で作成されたテキストを処理する際には、たとえデータ提供元に「Shift-JIS です」と言われたとしても、CP932 である可能性を考えたほうがよいでしょう。

B.3　文字コードを推測する

データの提供元はさまざまですから、実際の分析では、入力文字コードがわからない場合があります。もちろん、データ提供元に確認するのが望ましいのですが、現実

的でない場合もあります。そのような状況では、Nkf（市川 至、2013）というツールを使って入力文字コードを推定します。

B.4　Nkfをインストールする

残念ながらNkfはディストリビューションの標準パッケージには含まれないことがほとんどですので、自分でインストールしなければなりません。環境がUbuntuであれば、apt-getもしくはaptitudeを用いてNkfをインストールできます。

```
$ sudo apt-get install nkf
```

B.4.1　Nkfで文字コードを推定する

それでは実際にShift-JISのファイルの文字コードを推定してみましょう。文字コードを推定するには-g（-guess）オプションを使用します。

```
$ nkf -g sjis.txt
Shift_JIS
```

Nkfは、文字コードを推定するだけでなく別コードに変換することもできます。出力の文字コードは小文字のj（ISO-2022-JP、JISコードと呼ばれているものです）、s（Shift_JIS）、e（EUC-JP）、w（UTF）で指定できます。

```
$ nkf -w sjis.txt
日本語
```

また、大文字のJ、S、E、Wを指定することで、Nkfの文字コード自動認識機能に頼るのでなく、iconvのように入力の文字コードを指定することもできます。なお、Nkfの文字コード自動認識機能は非常に強力で便利ですが、あくまで推定の機能であり、正しさが保証されるものではないことは認識しておかなければいけません。ほとんどの場合にうまく認識することができますが、入力文字コードがあらかじめわかっている場合は可能な限り入力文字コードを指定することをおすすめします。

B.5　パーセントエンコーディングされた文字列を復元する

ウェブログに含まれる検索クエリの分析に際して、パーセントエンコーディング（URLエンコード）された文字列をデコードしたい場合があります。Nkfはこういっ

た状況にも対応しており、--url-input オプションを利用してデコードできます。

```
$ echo %e6%97%a5%e6%9c%ac%e8%aa%9e | nkf --url-input -W
```

上の例では、入力が UTF-8 の文字列をパーセントエンコーディングしたものであると指定しています。パーセントエンコーディングはあくまで URL に使用できないバイト列をエスケープすることが目的であって、文字コードは別にあることに注意してください。

パーセントエンコーディングでは、% の後に 16 進数で 1 バイトを表現します。例えば "日本語" の "日" は UTF-8 では 3 バイトですから、% +16 進数 3 つ "%e6%97%a5" の 9 文字で表されます。ウェブログの分析をしていると、パーセントエンコーディングされた日本語が、たまたま長さ制限に引っかかり、例えば "%e6%97" の 6 文字だけが残っている、という状況に出くわすことがあります。"%e6%97" に対応するコードは UTF-8 にありませんから、本来は注意が必要です。しかし Nkf を使えば、次善策ではありますが、デフォルトで変換に失敗した文字は無視するので、エラーで処理プログラム自体が終了してしまうような最悪の状況は最低限避けることができます。

B.6　文字列を正規化する

日本語を含むデータを扱う上で、以下の文字を同一視したい場合があります。

- 半角カナと全角カナ
- 全角スペースと半角スペース
- ひらがなとカタカナ

こういった場合にも Nkf を利用することができます。簡単な例として、ひらがなをカタカナに変換するには以下のようにします。

```
$ echo "かたかな" | nkf --katakana
カタカナ
```

Nkf は非常に高機能で、この他にも様々な機能があります。興味のある方は man もしくは --help オプションで機能を確認していただければと思います。

B.7 まとめ

　本章では、日本語の取り扱い、とくに文字コードについて簡単に述べ、iconvとNkfを紹介ました。iconvはほとんどの環境に標準で入っており、気軽に使える特徴があります。一方Nkfは、インストール作業が必要ですが、非常に強力です。文字コードの問題は、日本で分析をする以上は常に付きまとってくる問題ですので、実際に分析を進める際に本章の内容を参考にしていただければ幸いです。

付録 C
ケーススタディ

下田 倫大、増田 泰彦

　本書で繰り返し述べられていたデータ分析の流れ、及びそれを実現するための各種コマンドラインへの理解を深めるために、ケーススタディをご紹介します。特に、本書を通じて取り上げられていたデータ分析の OSEMN モデルのうち、どのようなタイプのデータ分析にも必ず必要となるデータの獲得、クレンジング、精査[†]に焦点を当てたいと思います。一連の作業は一般的に「前処理」「基礎集計」と位置付けられることが多く、分析作業の中でも時間的に大半を締める非常に重要なプロセスとなります。逆に言えば、このプロセスをいかに効率的に手戻りなく進めることができるかが、分析プロジェクトにおける成否を握っていると言っても過言ではありません。本記事ではブレインパッド社が提供するサービスである ReceReco（レシレコ）の 2015 年 2 月分のレシートデータを基にマスキング処理などを行ったサンプルデータ[‡]を利用した分析に至るまでのケーススタディをご紹介します。

C.1　ReceReco（レシレコ）について

　ReceReco（レシレコ）[§]はブレインパッド社が提供する無料家計簿アプリです。ReceReco は、スマートフォンのカメラでレシートを撮影すると、その内容を OCR 処理により解釈し、レシート情報をテキストデータ化することで簡単に支出管理が可能となります。本記事では、アプリに関する詳細は割愛させて頂きますが、興味がありましたら是非お試しください。

[†]　本書で Obtain, Scrubbing, Exploaring と呼ばれていたプロセス。
[‡]　フォーマット等はレシレコと同様のものですが、特定の商品名や店舗名は記載しないようにしています。また、ID 等も全て実際のものから変更したものとなっています。
[§]　http://www.brainpad.co.jp/recereco/

C.2　データの獲得

まずはデータの獲得です。ReceRecoの各種データはデータベースに保持されていますが、社内向けに用意されているデータのダウンロードサービスを経由してデータの取得を行います。ダウンロードデータは、TSV形式となっています。この時点で気になることは、データのサイズです。今回取り扱うデータは、約200MB程度のデータとなります。この程度のデータサイズなら本書で取り扱われたコマンドラインでデータ分析が可能です。一定以上の大きなデータ[†]になると、データをメモリに載せる処理について工夫が必要となります。

さて、データをダウンロードした結果、筆者の環境には、「item」フォルダにレシート毎の購入商品のデータが、「receipt」フォルダにレシート毎の購入店舗のデータが格納された状態となりました。まずは取得したデータの確認を行いましょう。tsvデータですので、`csvkit`に含まれる各種コマンドを活用していきます。

```
# ホームディレクトリ配下のフォルダを確認する
$ ls
item receipt

# item フォルダの中を確認する
$ ls ./item
item_20150201.tsv   item_20150211.tsv   item_20150221.tsv
item_20150202.tsv   item_20150212.tsv   item_20150222.tsv
〈実行結果以下略〉

# receipt フォルダの中を確認する
$ ls ./receipt
receipt_20150201.tsv   receipt_20150211.tsv   receipt_20150221.tsv
receipt_20150202.tsv   receipt_20150212.tsv   receipt_20150222.tsv
〈実行結果以下略〉
```

item、receiptフォルダに日別にデータが格納されていますので、まずはそのデータをまとめて1ヵ月のデータを作成します。今回は以降itemフォルダ内の商品購入データを対象として進めていきます。

```
# item フォルダに移動して作業をする
$ cd item
```

[†]　筆者の体感ではギガバイトを越えるくらい。

```
# 日別データを結合する
$ cat ./*.tsv > ./item_201502_raw.tsv
```

日別ファイルのそれぞれにヘッダがついていますので、このままでは余分なヘッダがデータ行の中に紛れ込んだ状態になってしまっています。そこで、紛れ込んでしまった余分なヘッダ行を削除します。

```
# 余分なヘッダを削除してデータ行のみにする
$ csvgrep -i -c 1 -m user_id ./item_201502_raw.tsv -t > ./item_201502_body.csv
```

```
# ヘッダとデータ行を結合する
$ csvgrep -c 1 -m user_id ./item_20150201.tsv -t | cat - ./item_201502_body.csv > ./item_201502_dataset.tsv
```

作成が完了したら、作成した1ヵ月データの中身を確認してみます。また、今回はuser_id、receipt_id、item_name、price列のみを扱いますので、これらの列を切り出したデータを作成して以降の作業で使用します。

```
# item データを確認する
$ head -n 5 ./item_201502_dataset.csv | csvcut -c user_id,receipt_id,item_name,price | csvlook
|----------+------------+-----------+--------|
| user_id  | receipt_id | item_name | price  |
|----------+------------+-----------+--------|
| 111111   | 00000001   | カメラ     | 2400   |
| 222222   | 00000002   | ノート     | 180    |
| 111111   | 00000001   | コーラ     | 150    |
| 333333   | 00000003   | パン       | 230    |
|----------+------------+-----------+--------|
```

```
# user_id、receipt_id、item_name、price カラムのみのデータにする
$ cat item_201502_dataset.csv | csvcut -c user_id,receipt_id,item_name,price > item_201502.csv
```

上述したコマンドでは下記のような処理を行っています。

- head コマンドを用いて、ファイル全体の先頭5行を抽出（ヘッダーを含む）

- csvcut を利用してカラム指定して抽出

- `csvcut`により指定されたカラムのデータを`csvlook`で表示

今回はある程度ファイルの形式やデータの内容について信頼性・実績のあるソースを使用していますので、この上記の確認に留めていますが、初見のcsvファイルを扱う際には、不要なデリミタや改行によってフォーマットが崩れていないか等を確認した方が良い場合もあります。

なお、`csvkit`に含まれる各種コマンドは、`-t`オプションでタブ区切りのデータを簡単に取り回すことができます。ここまでの処理で、分析の対象となるデータの準備（獲得）が出来ました。次の節では、データの中身を見ていき、異常値を持つ行を取り除いてデータクレンジングを行います。

C.3　データクレンジング（1）－異常値の除去

前節で準備の出来たデータについてもう少し詳しく見て行きましょう。各カラムの値にカラムの型に合致しない値や異常な値が含まれていないかを確認します。`csvsql`や`csvgrep`などの、特定のカラムの中から特定の条件に基づいてデータを抽出するコマンドや、カラムの統計情報を確認する`csvstat`などのコマンドを利用します。

まずは`csvstat`を使って列の型を確認してみます。例えば、数値の列に文字列が混じっていると結果として返される class が数値型ではなく、`'str'`となるので簡易的に列の値のチェックが可能です。

```
# csvstatで各列の値の型を確認する
$ csvstat ./item_201502.csv
  1. user_id
        <class 'int'>
  2. receipt_id
        <class 'int'>
  3. item_name
        <class 'str'>
  4. price
        <class 'int'>
        Min: -35640
〈 実行結果は抜粋 〉
```

user_id、receipt_id、price の class が 'int'、item_name の class が 'str' でしたので ID 列・数値列に文字列が混じっている等の問題はなさそうです。ただし、

C.3 データクレンジング（1）－異常値の除去

priceの最小値（Min）がマイナス値になっていたので、確認する必要がありそうです。

```
# price カラムがマイナスの値となっているレコード数を確認する
$ csvsql --query "SELECT COUNT(*) FROM item_201502 WHERE price < 0" ./item_201502.csv
1070

# price 行のマイナス値を確認する
$ csvsql --query "SELECT user_id, receipt_id, item_name, price FROM item_201502 WHERE
price < 0 LIMIT 5" ./item_201502.csv
|----------+------------+-----------+--------|
| user_id  | receipt_id | item_name | price  |
|----------+------------+-----------+--------|
| 111111   | 00000001   | 30% 割引  | -2400  |
| 111111   | 00000001   | 割引      | -150   |
| 333333   | 00000003   | 値引き    | -230   |
| 444444   | 00000004   | 割引      | -190   |
|----------+------------+-----------+--------|
```

上記の通り、確認するとprice列のマイナス値は、レシートに含まれる値引きの行だったので問題なさそうでした。今回のマイナス値は異常値ではありませんでしたが、発見した異常値を取り除く際にはcsvgrepやcsvsqlでマイナスを除去したデータを生成します。

最後に念のため、欠損値と重複行のチェックを行っておきます。

```
# 欠損値がないかチェックをする
$ csvstat ./item_201502.csv --nulls
  1. user_id: False
  2. receipt_id: False
  3. item_name: False
  4. price: False

# 重複した行がないかチェックする
$ csvsort ./item_201502.csv | uniq -d
```

csvsqlはcsvファイルをあたかもデータベースのテーブルのように扱うコマンドです。上記の例では、priceがマイナスになっているレコードの確認をSQLクエリを利用して行いました。データベースがない環境であっても、データ分析の現場で一般的に使われるSQLのスキルを活かすことができます。

今回は比較的整ったデータを用いて一部の例をお見せしていますので、非常に簡単

な作業に思われるかもしれません。しかし、実際はこのデータクレンジングが非常に大変なことが多いです。例えば、欠損値、または誤って作成された重複レコードへの対応の他に、ここでは触れませんでしたが、商品名の表記ゆれへの対応などに気をつけなければなりません。また、データの種類によって対応すべきことが異なるため、一概にこれをやれば良い、ということができません。データをしっかりと理解することが、異常であったり不要なデータを発見することに繋がります。

C.4 データクレンジング（2）－基礎集計と外れ値の除去

前節のデータクレンジング（1）を終えて、明らかにおかしなレコードのチェック（除去）が完了し、分析を行う段階に近づいてきました。さらにステップを進めていきましょう。次に行うのは、基礎集計と基礎集計に基づいた外れ値の除去です。このステップで、データクレンジング（1）では発見できなかった異常値を取り除き、分析用データ整備をしていきます。今回ここでは例として「パン」を対象としてお話を進めていきます。本書では「精査（Explororing）」として紹介されていたステップの一部に該当します。

まずは「パン」のデータを抽出し、集計してみます。

```
# item_name 毎のレコード数のカウント、及び売上の合計を算出する
$ csvsql --query "SELECT item_name, count(item_name) AS cnt, sum(price) AS sales FROM item_201502 WHERE item_name LIKE '%パン%' AND length(item_name) <= 5 GROUP BY item_name ORDER BY cnt DESC LIMIT 20" ./item_201502.csv | csvlook
|--------------+-----+---------|
| item_name    | cnt | sales   |
|--------------+-----+---------|
| パン         | 339 | 112629  |
| 菓子パン     | 117 | 20501   |
| 食パン       | 74  | 11910   |
| メロンパン   | 29  | 4459    |
| カレーパン   | 26  | 4640    |
| 塩パン       | 13  | 2303    |
| くるみパン   | 5   | 689     |
| 惣菜パン     | 5   | 718     |
| コッペパン   | 4   | 375     |
|--------------+-----+---------|
```

今回はこの中からさらに食パンに絞ってクレンジングの例をご紹介します。カテゴリ毎に統計量を取るなどして値をチェックすることで、クレンジング（1）では見え

C.4 データクレンジング（2）－基礎集計と外れ値の除去 | 237

なかった異常値のチェックをしていきます。

```
# 食パンのデータを確認する
$ csvsql --query "SELECT user_id, receipt_id, item_name, price FROM item_201502 WHERE
item_name LIKE '%食パン%' LIMIT 10" item_201502.csv | csvlook
|---------+------------+----------------+--------|
| user_id | receipt_id | item_name      | price  |
|---------+------------+----------------+--------|
| 857146  | 42718948   | 超醇食パン     | 128    |
| 672469  | 42724315   | しっとり食パン | 73     |
| 684086  | 42730647   | おいしさ食パン | 78     |
| 873501  | 42731495   | 天然酵母食パン | 185    |
| 926581  | 42732053   | おいしさ食パン | 77     |
| 674638  | 42732477   | 食パン         | 158    |
| 862787  | 42735715   | 芳熟食パン     | 98     |
| 931085  | 42737549   | おいしさ食パン | 79     |
| 896095  | 42738169   | 超醇食パン     | 149    |
| 65180   | 42739846   | 食パン         | 315    |
|---------+------------+----------------+--------|

# 食パンのデータを作成する
$ csvsql --query "SELECT user_id, receipt_id, item_name, price FROM item_201502 WHERE
item_name LIKE '%食パン%'" ./item_201502.csv > ./item_201502_shokupan.csv
```

　食パンデータに限定した中で、統計量や分布を確認しながら、異常値や外れ値を確認していきます。

```
# 食パンデータの各カラムの統計値を確認する
$ csvstat ./item_201502_shokupan.csv
  7. price
        <type 'int'>
        Nulls: False
        Min: 73
        Max: 3150
        Mean: 134.0
        Median: 113.0
＜実行結果は抜粋＞
```

　「食パン」の中でもっとも安い値段が 73 円というのは納得できます。また、平均（Mean）が 134 円で、中央値が 113 円というのもおかしくなさそうです。ただし、最大値（Max）を見ると、食パンが 3,150 円というのは通常の購買とは考えられないので、これは異常値として除去した方が良さそうです。

度数分布で値のバラつきも確認しながら、除去すべき値の検討を行います。

```
# gnuplot でヒストグラムを描写しデータの分布を確認する
$ <item_201502_shokupan.csv csvcut -c price | feedgnuplot --terminal 'dumb 80,25'
--histogram 0 --with boxes --ymin 0 --binwidth 1.5 --unset grid --exit
 900 ++--------+---------+---------+---------+---------+---------+--------++
     + *       +         +         +         +         +         +         +
     | **                                                                  |
 750 ++**                                                                 ++
     | **                                                                  |
     | **                                                                  |
     | **                                                                  |
 600 ++**                                                                 ++
     | **                                                                  |
     | **                                                                  |
 450 ++**                                                                 ++
     | **                                                                  |
     | **                                                                  |
 300 ++**                                                                 ++
     | ** *                                                                |
     | ** *                                                                |
     |*****                                                                |
 150 ******                                                               ++
     *******                                                               |
     *********** *     *   **    **   * +*       + **      +      *     +  +
   0 ***********-*---*-**---**--*-+*---------+-**---------+----*----+----++
     0         500       1000      1500      2000      2500      3000      3500
```

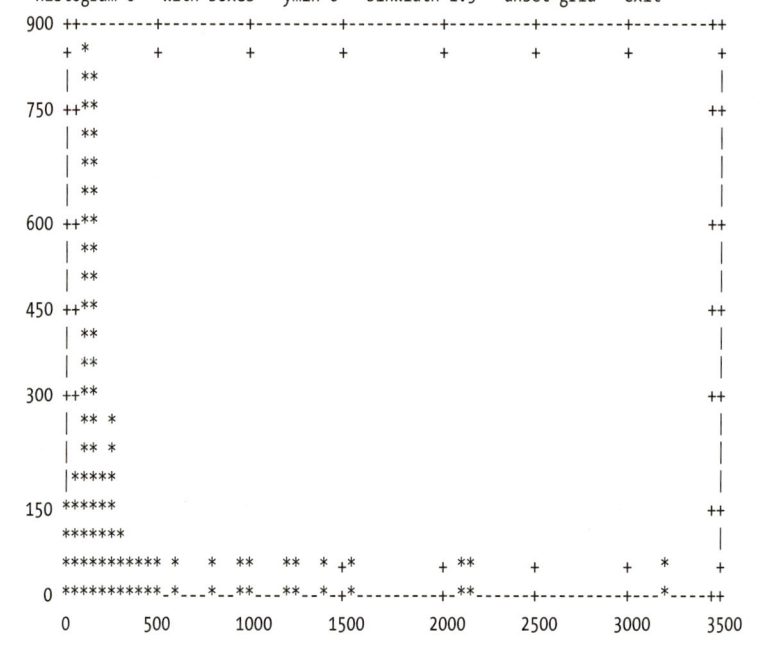

度数分布も確認したところ、大部分は 500 円未満に分布していますが、1,000 円〜 1,500 円と 3,000 円以上にも少数の分布が見られました。ここでは仮に 2,000 円より大きいデータは異常値として取り除くことにしましょう。

```
# 異常値除去後の結果は item_201502_shokupan_scrubbed.csv というファイル名で保存する
$ csvsql --query "SELECT user_id, receipt_id, item_name, price FROM item_201502_
shokupan WHERE price < 2000" ./item_201502_shokupan.csv > ./item_201502_shokupan_
scrubbed.csv
```

外れ値の除去は、パーセンタイルや偏差値によって一定の基準を作って除去することも多いですが、その際にも度数分布表を用いてデータの全容をつかんだ上で作業することが重要です。ここでは複数種類の食パンについて統計量を取りましたが、分析要件やデータの内容によってそれぞれの種類について統計量をチェックしていく必要

があります。

ここではデータクレンジング（1）では対象とならなかった、外れ値のチェックを行いました。なんらかの原因によって紛れ込んだ異常値は、除去して分析を進めることが多いですが、外れ値からも重要な発見があることも多いので、きちんと解釈して対処することが重要です。

C.5 まとめ

ここまで見てきたように、実際にデータ分析を行おうとすると、考慮すべきことが思っていた以上にあると思いませんか？今回はReceRecoデータ特有の特徴や問題等に言及しましたが、実際はデータの種類だけ特徴があり、データ分析の際にはそういったデータ毎の特徴をうまく把握することが重要となってきます。また、ここまでの作業はあくまで「前処理」や「基礎集計」に相当するものであり、時間的には大半を締めるとはいえ、あくまでデータ分析における第一歩となります。ここまでの情報を基に、モデリングと解釈を行っていきますが、モデリング以降のステップの詳細については他書に譲ることとします。その理由としては、モデリングについては、昨今多種多様な手法が考案されており、実際に成果を出すためには何を明らかにしたいのかという目的に依存し、またそのモデルから得られた結果を解釈することも、選択した手法に依存するためです。モデリング以降の詳細を学びたい方は『実践機械学習システム』[†]等の書籍を参照ください。

モデリング以降のプロセスに関して、実はReceRecoに関してはこのモデリングと解釈を行った結果はWebの記事として公開されています。よろしければこちらも参考にご覧頂ければと思います。

- 大みそかを制したのはどっち？　データで決戦「そばどん兵衛」VS「緑のたぬき」http://www.itmedia.co.jp/news/articles/1401/27/news034.html

- 「きのこの山」VS.「たけのこの里」戦争に決着⁉　購買データ分析で"大差"あり http://www.itmedia.co.jp/news/articles/1402/04/news016.html

- "焼きそば三国志"を制したのは？　データで決戦「U.F.O.」VS.「ペヤング」VS.「一平ちゃん」http://www.itmedia.co.jp/news/articles/1402/25/news

---

[†] 『実践機械学習システム』2014年10月、オライリー・ジャパン。http://www.oreilly.co.jp/books/9784873116983/

024.html

　以上、非常に簡単ではありますが、ブレインパッド社が保有するデータを利用した分析前処理の事例を、本書で紹介されているコマンドを利用した形でご紹介させていただきました。本記事がこれからデータ分析に携わる方にとって少しでも助けとなれば幸いです。

付録 D
参考文献

Amazon Web Services (2014). AWS Command Line Interface Documentation. http://aws.amazon.com/documentation/cli/ より取得。

Cooper, M. (2014). Advanced Bash-Scripting Guide. 2014 年 5 月 10 日 に http://www.tldp.org/LDP/abs/html より取得。

Docopt. (2014). Command-line Interface Description Language. http://docopt.org より取得。

HashiCorp. (2014). Vagrant. 2014 年 5 月 10 日に http://vagrantup.com より取得。

Heddings, L. (2006). Keyboard Shortcuts for Bash. 2014 年 5 月 10 日 に http://www.howtogeek.com/howto/ubuntu/keyboard-shortcuts-for-bash-command-shell-for-ubuntu-debian-suse-redhat-linux-etc より取得。

Janssens, J. H. M. (2014). Data Science Toolbox. 2014 年 5 月 10 日に http://datasciencetoolbox.org より取得。

Mason, H., & Wiggins, C. H. (2010). A Taxonomy of Data Science. 2014 年 5 月 10 日に http://www.dataists.com/2010/09/a-taxonomy-of-data-science より取得。

Oracle. (2014). VirtualBox. 2014 年 5 月 10 日に http://virtualbox.org より取得。

Peek, J., Powers, S., O'Reilly, T., & Loukides, M. (2002). Unix Power Tools (3rd Ed.、http://shop.oreilly.com/product/9780596003302.do)。O'Reilly Media. 日本語版は『Unix パワーツール 第 3 版』（2003 年 9 月、オライリー・ジャパン）。

Raymond, E. S. (2014). Basics of the Unix Philosophy. http://www.faqs.org/docs/artu/ch01s06.html より取得.

Russell, M. (2013). Mining the Social Web (2nd Ed.、http://shop.oreilly.com/product/0636920030195.do). O'Reilly Media. 日本語版は『入門 ソーシャルデータ 第2版 —ソーシャルウェブのデータマイニング』(2014年6月、オライリー・ジャパン)。

Tange, O. (2011). GNU Parallel—The Command-Line Power Tool. ;Login: The USENIX Magazine, 36(1), 42–47. http://www.gnu.org/s/parallel より取得.

Tange, O. (2014). GNU Parallel Tutorial. http://www.gnu.org/software/parallel/parallel_tutorial.html より取得.

Wiggins, C. (2014). Public Aliases. 2014年5月10日に https://github.com/chrishwiggins/mise/blob/master/sh/aliases-public.sh より取得.

Wikipedia. (2014). List of HTTP status codes. 2014年5月10日に http://en.wikipedia.org/wiki/List_of_HTTP_status_codes より取得.

Winterbottom, D. (2014). commandlinefu.com. http://www.commandlinefu.com より取得.

Wirzenius, L. (2013). "Writing Manual Pages." http://liw.fi/manpages/ より取得.

索引

記号・数字

!! 55
.arff 182
.gz 39
.rar 39
.sh 55
.tar 39
.xls 41
.xlsx 41
.zip 39
\ 25
> 25
| 25, 43
1行プログラム 52

A

AddCluster クラス 182
alias 202
Amazon Web Services 18, 156
API 呼び出し 191
apt-get 227
aptitude 227
arff2csv 181
ARFF 形式 181
awk 64, 69, 90-92, 202
aws 156, 202
AWS API 156
awscli 156

B

bash 55, 202
bc 144, 203
BigML 189
bigmler 189, 203
body 77, 203

C

cat 13, 23, 203
cd 204
character-separated values（CSV）........ 42
chmod 204
CMake 174
Cobweb 183
cols 14, 77, 81, 174, 204
cols/tr 92
comma-separated values（CSV）.......... 42
cowsay 204
cp 32, 205
CP932 224
CRLF 43
CSV 42, 67, 77, 181
　行のフィルタリング 90, 92
　クレンジング処理 89
　ヘッダー 77
　本体 77
　列 77
　ファイルの結合（ジョイン）.......................... 98
　ファイルの結合（水平方向）.......................... 97

ファイルの結合（縦方向）................................. 95
csv2arff.. 181
csvcut 43, 89, 97, 170, 189, 205
　-c 89
csvgrep 91, 205
csvjoin 98, 206
CSVKit 44
csvkit 232
csvlook 43, 206
csvsort 206
csvsql 82, 90-92, 119, 206, 235
csvstack 170, 189, 207
　-g 96
csvstat 4, 121, 207, 234
curl 37, 45, 53, 58, 207
　--location 47
　--head 47
　-I 47
　-L 47
　-o 46
　-s 46
　-u 48
curlcue-setup 49
curlicue 50, 207
cut 14, 67, 90, 207

D

Data Science Toolbox 17
　環境の作り直し 22
　シャットダウン 22
　ダウンロード 19
　ログイン 21
display 208
Drake 102
　インストール 103
drake 4, 102, 208
　-w 109
Drakefile 106
Drip 104
dseq 208

E

echo 31, 208
　-n 31
env 58, 209
export 209

F

fac 関数 28
feedgnuplot 4, 130, 209
fieldsplit 95, 209
　-d 95
　-F 95
　-k 95
　-p 95
　-s 95
find 210
for 210
for ループ 12, 170
FTP（File Transtar Protcol）................ 46

G

ggplot 14
ggplot2 .... 131, 172
git 109, 210
GNU parallel 12, 144, 150
Gnuplot 129
Google Prediction API 189
grep 29, 53, 71, 73, 190, 210
　-E 72

H

head 25, 53, 59, 69-70, 169, 189, 211
header 77, 211
　-d 95
　-e 81-82
　-r 81
help 33
HTML/XML 67, 83
HTTP ステータスコード 47
　301 47
　403 48
　404 48

I

iconv	226
-f	226
-l	226
ImageMagick	133
in2csv	37, 42, 211
--sheet	44
Iris データセット	168

J

jq	13, 23, 84, 211
JSON	67, 83
json2csv	13, 84, 87, 211
JVM（Java 仮想マシン）	103
JVM ランチャー	104

L

Leiningen	103
less	117, 212
ls	23, 212

M

man	33, 212
MexicanHat	177
mkdir	32, 212
-v	32
mv	32, 213

N

Nkf	227
--url-input	228
-e	227
-g	227
-j	227
-s	227
-w	227
NLTK パッケージ	63

O

OAth ダンス	49
OAth プロトコル	49
OSEMN	2, 195

P

Pandas パッケージ	63
parallel	190, 213
--xapply	190
paste	97, 183, 213
-d	97
PATH	60, 178
pbc	155, 213
pearson	188
pip	156, 185, 214
PredictionIO	189
PuTTY	21
pwd	29, 214
python	61-62, 121, 214
Python 2.7	185

R

R	14, 61, 125, 214
Rio	4, 14, 125, 172, 174, 215
Rio-scatter	174, 183, 215
rm	32, 215
-r	32
Rscript	62
run_experiment	187, 215

S

sample	72, 216
SciKit-Learn Laboratory	185
scp	39, 216
scrape	84, 216
-b	86
-e	86
sed	67, 69, 92, 216
seq	23, 29, 217
shebang	57
Shift-JIS	224
shuf	189, 217
SimpleKMeans	183
SKILL	185-186
sort	29, 53, 217
-nr	59
split	190, 217

sql2csv	37, 44, 218
--db	45
SQLクエリー	82
ssh	218
sudo	218

T

t-SNE	173, 183
tail	70, 218
tapkee	173, 219
tar	39, 219
-f	40
-v	40
-x	40
-z	40
tee	97, 219
tr	53, 75, 170, 219
-c	76
-d	76
tree	12, 219
Twitter API	50
type	28, 220

U

uniq	53, 68, 220
-c	68
unpack	40, 220
unrar	39, 220
unzip	39, 221
UTF-8	224

V

Vagrant	18
ダウンロード	19
インストール	19
Vagrantfile	19
VirtualBox	18
ダウンロード	19
インストール	19

W

wc	29, 221
-c	223
-l	13, 78, 169
-w	31
weka	176, 221
weka clu	181
weka-cluster	182
weka.jar	177-179
WEKAPATH	180
which	61, 221
wikitable -A	85
wikitable クラス	84

X～Z

xml2json	84, 222
zcat	162

あ行

アクセス許可	55-56
値の削除	75
値の置換	75
値の抽出	73
異常値の除去	234
入れ子構造	69
因子	120
インタープリタに解釈されるスクリプト	26
ウェブAPI	37, 48
エイリアス	28
Excelスプレッドシート	41
オペレーティングシステム	23
折れ線グラフ	140

か行

回帰	168
拡張文字	225
カテゴリ変数	120
記述統計	121
基礎集計	236
行のフィルタリング	69
位置に基づく	69
パターンに基づく	71
クラスタリング	168
クレンジング	69

グローバル展開	147
コマンドプロンプト	7
コマンドライン	6
コマンドラインツール	23, 51

さ行

散布図	138
散布図行列	173
シェル	23
シェル関数	27
シェルスクリプトの移植	62
シェルの組み込みコマンド	26
可視化イメージ	129
識別子	120
次元圧縮	168, 174
実行許可	55
主成分分析法	173
出力	153
順序変更	89
ストリーミングデータの処理	64
線形写像	174
尖度	127
相関	128

た行

ターミナル	23
逐次処理	144
積み上げグラフ	130
データ型	117
テストデータセットの作成	189

は行

パーセントエンコーディング	225
パーミッション	55
バイナリの実行可能ファイル	26
パイプライン	51
箱ひげ図	138
外れ値の除去	236
パラメータ化	59
反復処理	144
行	146
数値	144
ファイル	147
反復処理(数値)	144
ヒストグラム	134
非線形写像	174
表構造	69
ファイルの解凍	39
ブレース展開	145
プレーンテキスト	69
プロンプト	8
分散処理	156
分類	168
並列化ツール	155
並列ジョブ数の制御	153
並列処理	148
棒グラフ	135
補集合(complement)	89

ま行

密度プロット	137
文字コード	224
文字化け	224

や行

歪度	127
予測API	189

ら行

ランダムサンプリング	72
リテラル文字列	72
リモートマシン	158
コマンドの実行	158
ファイル処理	161
リモートマシン間でのローカルデータの分散	159
列の抽出	89
列のマージ	92
連続変数	120
ロギング	153

● 著者紹介

Jeroen Janssens（ジャロエン・ジャンセンス）
Jeroen Janssens は、YPlan（今夜のお出かけアプリ）のシニアデータサイエンティストで、個々のユーザーにより適したイベントを推奨できるようにする機能の責任者。Maastricht 大学で人工知能の修士号、Tilburg 大学で機械学習の博士号を取得。趣味は、Brooklyn 橋の自転車ツアー、ツール構築、http://jeroenjanssens.com でのブログ執筆。

● 監訳者紹介

太田 満久（おおた みつひさ）
1983 年東京都生まれ。名古屋育ち。京都大学基礎物理学研究所にて素粒子論を専攻し、2010 年に博士号を取得。この頃より機械学習への興味が強まり、データ分析を専業としていたブレインパッド社に新卒として入社。入社後は数学的なバックグラウンドを生かし、自然言語処理エンジンやレコメンドアルゴリズムの開発を担当。現在は全社に対する技術支援や最新技術の調査・検証を担う。

下田 倫大（しもだ のりひろ）
1985 年大阪生まれ。金融系ベンチャー企業を経て、Web 企業にて大規模データのサービス活用に関わる開発業務に従事。同企業にて、DSP/DMP の開発に携わりアドテクノロジーに興味を持つ。2013 年 8 月ブレインパッドに入社。プライベート DMP サービス Rtoaster の外部 DSP/DMP 連携開発や、リスティング広告の入札最適化ツール L2Mixer の開発を担当。TwitterID は @rindai87。

増田 泰彦（ますだ やすひこ）
1980 年神奈川県生まれ。2003 年国際基督教大学言語学科卒業。教養学士。独立系メディアプランニング会社、アドビシステムズ（旧オムニチュア）を経てブレインパッドに入社。現在は株式会社 Qubital データサイエンスに出向、マーケティングコンサルティング・プロジェクトマネジメントに従事。

● 訳者紹介

長尾 高弘（ながお たかひろ）

1960年千葉県生まれ。東京大学教育学部卒。株式会社ロングテール（http://www.longtail.co.jp/）社長。翻訳者として、訳書に『ユーザーストーリーマッピング』、『Cython—Cとの融合によるPythonの高速化』、『RStudioではじめるRプログラミング入門』（以上、オライリー・ジャパン）、『The DevOps逆転だ！』、『世界でもっとも強力な9のアルゴリズム』（日経BP社）、『Scalaスケーラブルプログラミング』（インプレス・ジャパン）、『Effective Ruby』（翔泳社）、『Redis入門』（KADOKAWA／アスキー・メディアワークス）など。『縁起でもない』、『頭の名前』（以上、書肆山田）などの詩集もある。

● カバーの説明

Data Science at the Command Lineのカバーに描かれている動物は、シワコブサイチョウ（学名 Rhytidoceros undulatus）です。東南アジア内地やインド北東、ブータンの森林地帯に生息しています。サイチョウは、頭部のカブト状のものがサイを思わせることから付けられた名前です。この空洞で角質化したものの目的ははっきりとはわかっていませんが、種のなかでのメンバーの識別手段として、あるいは鳴き声の増幅器として、あるいは性別の識別手段として（メスよりもオスの方が大きいことが多いので）役に立っているのかもしれないと考えられています。シワコブサイチョウは、ムジシワコブサイチョウと見た目がそっくりですが、喉の下に色の濃い棒状の模様が付いているところが異なります。

シワコブサイチョウは、400羽ほどの群れで暮らしますが、一夫一婦のパートナーと生涯添い遂げます。メスは、オスの協力のもと、糞や泥で入口をふさいだ木のうろに入って産卵し、卵を温めます。オスは、ひなが4か月になるまで、くちばしがやっと入るだけの隙間を介してメスとひなたちに餌を与えます。メスとひなたちが巣を出る頃には、主として動物性の餌を食べます。シワコブサイチョウの夫婦は、9年もの間、同じ巣に帰ってくることがわかっています。

コマンドラインではじめるデータサイエンス
―分析プロセスを自在に進めるテクニック

2015年9月14日　初版第1刷発行

著　　　者	Jeroen Janssens（ジャロエン・ジャンセンス）	
監　訳　者	太田 満久（おおた みつひさ）、下田 倫大（しもだ のりひろ）、	
	増田 泰彦（ますだ やすひこ）	
訳　　　者	長尾 高弘（ながお たかひろ）	
発　行　人	ティム・オライリー	
印刷・製本	株式会社平河工業社	
発　行　所	株式会社オライリー・ジャパン	
	〒160-0037　東京都新宿区四谷坂町12番22号　インテリジェントプラザビル1F	
	Tel　(03)3356-5227	
	Fax　(03)3356-5263	
	電子メール　japan@oreilly.co.jp	
発　売　元	株式会社オーム社	
	〒101-8460　東京都千代田区神田錦町3-1	
	Tel　(03)3233-0641（代表）	
	Fax　(03)3233-3440	

Printed in Japan（ISBN978-4-87311-741-6）
乱丁、落丁の際はお取り替えいたします。

本書は著作権上の保護を受けています。本書の一部あるいは全部について、株式会社オライリー・ジャパンから文書による許諾を得ずに、いかなる方法においても無断で複写、複製することは禁じられています。